台灣文化偵探曹銘宗，帶你吃遍當季好食！

Goddamned Good!

曹銘宗

自序

《腰瘦好吃》是我意外的新書，其文字、圖片全部來自我的臉書，由貓頭鷹出版社負責取材編輯，我只管領版稅就好。

天下竟有這等好事？我的臉書有那麼多內容嗎？

我曾是報社記者，主跑歷史、文化，平時喜歡買菜、煮飯。十多年前，我離開報社後，自稱「基隆年輕耆老」，從事台灣文史寫作，也因沒有正式職業而成為專業的「買菜煮飯工作者」。

然而，我的記者魂仍在，我開始以 iPhone 採訪報導，把臉書當成自媒體，幾乎天天發稿，其中有大量的飲食相關文章。

我有很多關於美食的文章，常以「腰瘦好吃」結語。後來，如果我忘了寫，馬上會有臉友留言提醒或質問。結果，這句話幾乎成了我的代名詞，所以很自然成為書名。

「腰瘦好吃」之名的由來及演變，常有人問我，我在此說清楚講明白。

問題1：「腰瘦好吃」的「腰瘦」是台語「夭壽」嗎？

答：台語有「夭壽好食」（iáu-siū hó-tsia̍h）的用法，形容非常好吃。

「夭壽」在華語的本意是短命，台語也是，但多了副詞和感嘆詞的用法。台語「夭壽」作為副詞可引申非常，例如：「夭壽甜」、「夭壽好食」；作為感嘆詞則有驚訝、糟糕的意思，例如：「夭壽喔」。

這種用法如同英語的 damn，從 goddamned 和 goddamn 而來，本意是詛咒，華語的對應詞是天殺的、該死的。但英語的 damn 也有副詞和感嘆詞的用法，damn good 就是 very good，damn delicious 就是非常好吃，damn! 則是該死、糟透了的感嘆。

事實上，「腰瘦好吃」是受到台語「夭壽好食」影響而產生的「台灣華語」，把台語「夭壽」以華語念之，其發音與「腰瘦」相同，如此就變成「非常好吃」加「吃了腰瘦」的雙關語。

食物如果很好吃又吃不胖（腰瘦），那就太完美了。

問題2：為什麼你又說「腰瘦好吃」是咒語呢？

答：我是希望「腰瘦好吃」能夠變成咒語，以腦電波影響身體不要吸收多餘的熱量，產生「腰瘦」的效果。

這幾年來，這句咒語雖然證明效果不大，卻產生讓人吃得安心的作用。

問題3：為什麼你都說「腰瘦好吃」，沒有不好吃的嗎？

答：當然有不好吃的食物，但我就不會寫在臉書，我寫出來的都是「腰瘦好吃」。

我不是美食家，《腰瘦好吃》一書其實是我日常買菜煮飯的經驗，以及研究飲食文化的心得，當然也包含了我的飲食觀。

一般談美食都說色香味，但人類對飲食的感受不止於此，所以我常用佛法來詮釋：這是「六根」（眼耳鼻舌身意）感受「六塵」（色聲香味觸法）的「全方位感受」。我們的美食記憶，除了食物本身的色香味，還有人情、場域、土地、懷舊、鄉愁等，所以教人刻骨銘心、終身難忘。

台灣近年出現源自日本流行詞彙的「B級美食」，指平價又有地域性的庶民美食。我認為，雖然美食因價格、用餐環境、服務品質而有A級B級之分，但對美味的感受卻無法對比高下，A級美食無法取代B級美食，B級美食有其獨特的美味。因此，我對用心經營、平價好吃的飲食攤店心存敬意，他們讓庶民花小錢吃飯也能心滿意足，平衡了飲食社會的貧富差距。

此外，以飲食守護土地及環境、追求永續發展的「生態飲食」，也成為我的理念。我除了經常應邀有關食農、食魚教育的演講，還與「生態廚師」合作設計結合歷史、文化、生態、廚藝的饗宴。

這十年來，我在臉書示範的簡單煮食，也都收集在《腰瘦好吃》一書，我希望可以帶動煮食風氣，促進國泰民安、世界和平。

飲食，一言以蔽之，曰：「腰瘦好吃！」

目次

文史之必要——冬季美食名小考

冬至湯圓

今天收到很多朋友傳來冬至湯圓賀節圖卡，我都回寄這一大鍋又圓又滿，加十倍、二十倍奉還祝福。

這張照片是我在基隆廟口全家福元宵的攤位前拍的，他們的店名是「元宵」，但怕人不懂所以也寫「湯圓」，我先說明一下。

元宵其實就是湯圓，中國北方在元宵節吃，故名。

但兩者做法有所不同，湯圓

整鍋圓滾滾的元宵，真是「圓圓滿滿」！

是把糯米粉揉成圓糰再搓成小粒（無餡），稱之「搓湯圓」；如果再包餡，則稱之「包湯圓」。元宵是以餡沾水，在糯米粉中愈滾愈大，稱之「搖元宵」。

湯圓有甜有鹹，湯較清。元宵是甜食，因煮元宵會掉粉，故湯較濃。

基隆廟口全家福元宵，其餡只有一種黑芝麻，其湯可加桂花蜜，或再加甜酒釀，全台灣最好吃，沒有之一，堪稱基隆之光。

中國北方甜品在基隆廟口落地生根並發揚光大，豈不可貴？

然後，全家福還開創「加冰水」的吃法，其靈感來自屏東潮州「燒冷冰」，把滾水撈起的煮熟元宵，直接放入裝有碎冰的甜湯，這樣元宵軟嫩而湯水冰涼，夏天吃也不會流汗。

「補冬」就是冬令進補，台灣因緯度差異北部較南部冷，所以一般北部在立冬補冬，南部在冬至（台語冬節）補冬。

有句台語俗話：「補冬補喙空」，說是為了進補，其實是滿足口腹之欲。

然而，如果吃不下口，焉能進補？

今天請放心腰瘦好吃，如果想要減肥，每天都有機會。

＊祝大家冬至歡喜快樂。

白粕糕

我最會被白色純潔的食物吸引，當年在美國念書最常夢見台灣的山東大饅頭。

今天走到仁愛市場路口，遠遠看到有攤販在賣白色的糕，我猜是「倫教糕」（白糖糕），但走近一看沒有光澤，就知道不對，於是一邊買一邊發問、拍照。

頭家娘用台語說：「白ㄆㄛˋ糕。」

我問哪個「ㄆㄛˋ」？

她用華語說：「琥珀的珀。」

我再問怎麼做的？有加白糖？她說使用在來米，沒有加糖，完全是米發酵產生的甜味。

因此，我想她說琥珀的「珀」是錯的，應

發酵產生的香甜撲鼻而來。

蓬鬆的白粕糕，看起來真可愛。

該是酒粕的「粕」。

回家查字典，「琥珀」指古代松柏等樹脂的化石，大都淡黃色，有白一點的叫「白珀」。但台語琥珀的音 hó-phek，與頭家娘的音差很大。

根據教育部《臺灣台語常用詞辭典》，台語「粕」指物體壓榨過後失去水分的殘渣，例如藥粕、甘蔗粕、豬油粕仔；「粕」音 phoh，又說台南、高雄音 phorh，似與頭家娘說的音ㄆㄛˋ有點差異。當然，頭家娘的音也未必精準。

華文「粕」常用在「糟粕」，指酒糟、米糟或豆糟等渣滓。

在日文，かす（kasu）的漢字有滓、糟、粕、殘渣，「酒粕」（さけかす）與「酒糟」通用。

差點忘了講，「白粕糕」一塊三十五元，微甜微酸，正港的腰瘦好吃。

＊日本也有「酒粕蒸しパン」，主要是酒粕加麵粉蒸的。

膨餅

現在基隆凌晨攝氏十度，繼續冷下去，朝向清晨八度。所以我決定吃「膨餅」（phòng-piánn）當消夜，並在視覺上與大家分享。

這是台灣古早味甜點，也寫成「椪餅」，以麵粉、白糖或黑糖、麥芽糖為材料，發酵後烤成中空圓球狀，現在已較少看到有餅店在賣了。

膨餅的吃法，甜食攤店常見加到土豆仁湯（花生湯）裡，聽說有人就只加到熱開水裡。我是在全聯買了克寧或桂格的奶粉包，打開一小包泡在碗公裡，腰瘦好吃。

我的膨餅是在基隆貝里西斯麵包坊（中正路三三六號）買的，是我吃過品質最佳者，現在一包五個一百元，一個才二十元。

前幾天在台北認識的扶輪社朋友，說她也是基隆人，已嫁到台北，但經常回基隆安瀾橋。我好奇問為什麼？想不到她說都是為了去貝里西斯買麵包。

台南也有類似的「椪餅」，又稱「香餅」，不知道「香」的發音是不是hiong？馬來西亞華人也有「香餅」，以英文音譯福建話寫成 heong peah。

台南人又稱香餅為「月內餅」，說是婦女做月子的溫補食物。我在 YouTube 上有看到影片：以麻油煎薑，把餅放上去，中間挖個洞，打個蛋進去，再加入龍眼乾，慢慢煎熟。我雖然無法做月子，但也想吃看看。

膨餅泡熱牛奶吃，暖胃又暖心啊！

番薯粿

金山番薯有名，金山老街這攤現煎「番薯粿」，把生的黃肉番薯磨碎，加粉與糖捏成圓餅，下鍋雙面煎赤赤，外焦內軟，腰瘦好吃。

我昨天帶我媽逛金山老街，她喜歡這攤三十多年的古早味番薯粿，多於白斬鴨肉、芹菜魷魚。

金山老街（金包里

番薯的「番」其實沒有「艸」字頭。

街）廣安宮（開漳聖王廟）前，一間鴨肉店，繁榮一條街，我三十年前曾來採訪報導此一台灣庶民美食的傳奇故事。

「金山鴨肉」創始人李光雄，因日文漢字「雄」的音是お（O，注音ㄛ），大家叫他「ㄛ仔」，賣鴨肉後的綽號變成「鴨肉ㄛ仔」，但常被錯寫「鴨肉ㄜˊ仔」。

我一邊等候番薯粿頭家娘煎粿，一邊問她李老先生近況？想必早已退休。她說李老先生還在後場幫忙，這個人閒不下來。

多年來，我跟人談番薯，總有人誤以為台灣本有番薯，芋頭則是外來。我說剛好相反，番薯有個「番」字就表示外來。

番薯原產於中南美洲，一般認為在歐洲大航海時代（十五～十七世紀）由西班牙人散布到全世界。

台灣的番薯從何而來？有一說先是西班牙人帶到菲律賓呂宋，再由中國福建人從呂宋帶回原鄉，最後隨福建移民帶來台灣。但有福建文獻說，福建番薯來自台灣。一六一七年，明萬曆福建漳州文人張燮撰寫的《東西洋考》說：「甘藷漳名番藷，以其自東番攜來也。」文中所稱「東番」是明代文獻對台灣的稱呼。

我出版的《吃的台灣史》，提及南島語族各族之間的海上往來，也會有飲食文化的傳播和交流，有待更多研究。

以原產於中南美洲的番薯為例，一般都說在十五世紀末由西班牙人帶回歐洲再散布全世界。但根據近年放射性碳定年法的研究，太平洋中南部玻里尼西亞（Polynesia）的庫克群島（Cook Islands），在一二一〇～一四〇〇年間就有番薯。據此推測，擅長航海的南島語族可能比歐洲人更早從中南美洲帶回番薯。

歐洲人在十六世紀中前來東南亞、東亞之前，台灣、東南亞等地的南島語族之間就有往來，形成「南島語族文化圈」。以此來看，或許台灣引進番薯的時間更早。

菜頭粿

在信義市場跟宜蘭阿城買了菜頭粿、芋粿，頭家娘阿芬秤重說：曹老師，一百三十四元算一百二十元。

我說不好啦，拿一百三十元吧！她就塞了一塊嫩薑給我。

台式的菜頭粿、芋粿，單純如其名，未再添加配料、調味料，我很喜歡。

兩種粿，我先各切一小塊拍照存證，隨即煎赤赤，撒些

一定要煎赤赤，口感才好！

無論是菜頭粿還是芋粿都腰瘦好吃！

香菜，沾醬油膏、辣椒醬，腰瘦好吃。

台灣的米漿蒸品有很多種類，台語以「粿」稱之，有鹹甜口味，還有加了蔬菜的「菜粿」，包括菜頭粿、芋粿、金瓜粿，被歸類在「鹹粿」，另有加了油蔥酥的「油蔥粿」（簡稱油粿）。

以南瓜製成的金瓜粿，我似未見過，日本時代《臺日大辭典》（一九三二年）有此詞條，指以南瓜、肉、蝦蒸成的粿。

現今台南有「鹹粿」，只以鹽、米漿蒸成，另有肉燥、米漿蒸成的「肉粿」。

鳳梨

英文名為 **pineapple** 的熱帶水果，在全球中文世界只有台灣稱之「鳳梨」，東南亞稱之「黃梨」，港澳稱之「菠蘿」，中國大陸（包括今福建）也稱「菠蘿」。中國海關總署於二〇二一年二月二十六日突然宣布，自三月一日起暫停進口「台湾菠萝」。

鳳梨的台語發音 ông-lâi，所以被寫成「王梨」，與吉祥話「旺來」諧音。

鳳梨的「鳳」從何而來？根

黃澄澄的鳳梨，在東南亞叫做黃梨。

據清台灣《諸羅縣志》（一七一七年）：「黃梨，以色名，臺人名鳳梨，以末有葉一簇，如鳳尾也．取尾種之，著地即生。」

「菠蘿」之名從何而來？根據《臺灣府志》（高志，一六九六年）：「鳳梨葉似蒲而闊，兩旁有刺。果生於叢心中，皮似波羅蜜，色黃，味酸甘。」以此來看，鳳梨皮似「波羅蜜」（菠蘿蜜），可能就是被稱為「菠蘿」的由來。

「菠蘿蜜」原產印度、東南亞，在唐代已傳入中國。鳳梨原產南美洲，當地原住民稱之Ananas，西班牙人哥倫布一四九三年看到鳳梨，覺得很像松果，就稱之piña de Indes（印度松果，當時到了美洲，但以為是印度）。因此，鳳梨的西班牙文就是piña，西班牙人最早在十七世紀前後把鳳梨帶到東南亞，再傳入台灣、福建、廣東。

十七世紀在中國的耶穌會波蘭籍傳教士卜彌格（Michał Boym），他在一六五六年出版的《中國植物志》（*Flora Sinensis*）圖文書中，收錄波羅密、鳳梨，稱鳳梨為「反波羅密」。「反」應該就是「番」，指外來的。

另有一說，在分類上的「鳳梨科」（拉丁文學名Bromeliaceae），Bro是「菠蘿」的語源。然而，Bromeliaceae是法國植物學家德朱西厄（Antoine Laurent de Jussieu）在一七八九年命名。

「鳳梨屬」的拉丁文學名*Ananas*，這是蘇格蘭植物學家米勒（Philip Miller）在一七五四年命名。鳳梨的拉丁文學名為*Ananas comosus*。

*台灣生產世界一等鳳梨，新鮮鳳梨腰瘦好吃。

*鳳梨汁多酵素助消化，鳳梨蘋果汁灰熊腰瘦好喝。

*鳳梨料理如鳳梨蝦球、鳳梨排骨等，請少用鳳梨罐頭，改用新鮮鳳梨。

*豬肺炒鳳梨是古早味。

*蔭鳳梨（王梨豆醬）是很好的佐料，可煮苦瓜鳳梨雞湯，以及蒸魚、煮魚湯。

*鳳梨酥是好伴手。

釋迦

台東釋迦灰熊強大，可說是「夭壽甜」的最高級「夭壽骨甜」，甜到骨子裡了。

英語常以apple泛稱水果，釋迦稱之sugar apple，顯示其高甜度；又稱sweet sop，sop指把麵包切小塊浸泡在濃湯裡食用。

釋迦也稱custard apple，custard直譯卡士達（醬），指用雞蛋、牛奶混合加熱後凝固的甜品。

因此，我就拿小湯匙來挖吃「卡士達果」，吃不完放冰箱，可吃兩三次。

台灣是全球最大釋迦產地，在高雄、屏東、台東都有種植，以台東產量最多。另有一種果實較大、果肉較Q的「鳳梨釋迦」，一般以為是鳳梨和釋迦雜交而成，其實此一品種最早是在美國佛羅里達州育成。

釋迦原產於熱帶美洲及附近的西印度群島，在十六世紀以後由葡萄牙人和西班牙人引進到全世界熱帶地區種植，在各地有不同的名稱。

釋迦在中國稱為「番荔枝」，最早在廣東種植，廣東話叫「番鬼荔枝」，以這種外來水果在未成熟時長得很像荔枝而得名。

在台灣，中文文獻說釋迦由荷蘭人自印尼引進，以其外表很像布滿突起的小肉瘤，有如釋迦牟尼佛像的頭部，所以台語稱之「釋迦」（sik-khia），又稱「佛頭果」。

釋迦的印尼語 srikaya，與台語釋迦發音相近，所以也有人認為釋迦之名最早可能源自印尼語。

金柑

承蒙友人相贈日本進口「金柑」（キンカン，kinkan），產地鹿兒島，「春姬」為其品牌。

這種原產中國長江中游的柑橘屬（*Citrus*）植物，日語以黃金蜜柑稱之「金柑」，廣東話稱之「金橘」（粵語拼音 gam^{1}gwat^1），英語據以音譯 kumquat/cumquat，劍橋詞典的解釋：A small, oval fruit that looks like an orange and has a sweet skin that can be eaten，指其皮甜可食。

台語則以其果實金黃、身形似棗而稱之「金棗」（kim-tsó），教育部《臺灣台語常用詞辭典》註解：「皮甜肉酸，常加工做蜜餞、果醬或茶飲，亦可連皮直接食用，宜蘭為主要產地。」

台灣的金棗，因果肉極酸，故很少生食，但將之糖漬做成「金棗糕」，非常美味，我偶爾會從基隆專程開車去宜蘭買。

台灣客家菜將之做成特有的蘸料「橘醬」（四縣音 gidˋ jiong，海陸音 gid

ziong∨），常見用來沾白斬雞。

言歸正傳，春姬金柑是「生食級」，一盒兩公斤裝賣台幣兩千元，不但金黃光澤，而且皮甜肉也甜，只在核心才有點酸味，腰瘦好吃。

感謝友人相贈小巧鮮豔的金柑。

香菜

我喜歡吃香菜，加辣椒更佳，今天以香菜為主角，試做了泰越風味的香菜辣椒沾料，可謂吃香喝辣。

我買了新鮮的香菜（兩把才二十元）、朝天辣（一包十元），做法簡單，時間大都花在清洗和晾乾香菜上，這樣做好的香菜才能久存不壞。

切好香菜、朝天椒、糯米椒、蒜頭、竹薑，放入罐子，調好鹽、糖、味精、魚露、檸檬汁，冷涼後倒入罐子，放冰箱幾小時即成，腰瘦好吃。（我使用台灣品牌「民星」的頂級魚露，再加一點醬油）

這罐香菜辣椒沾料夠我吃一陣子了！

香菜是台灣料理、小吃的最佳配角，台語稱之「芫荽」（iân-sui），這是古漢語。芫荽是香菜的中文名，原產於西亞，早已流傳全球。芫荽全株皆可食用、藥用，華人愛用香菜葉來涼拌、增色、調湯，泰國料理以香菜根煮湯底，西方人用香菜子磨粉來調酒。

芫荽之名從何而來？常見的說法是：根據晉代張華撰寫的《博物志》：「張騫使西域還，得大蒜、番石榴、胡桃、胡蔥、苜蓿、胡荽。」（文中的番石榴是石榴，原產於今伊朗一帶，與原產於美洲的番石榴不同）以此來看，在西元前一一五年，張騫奉漢武帝命第二次出使西域載譽歸國時，經由絲綢之路，帶回了「胡荽」。

胡荽之名從何而來？先來談「胡」，古代中國通稱北方和西方諸民族為「胡」。再來談「荽」，《說文解字》的解釋是「可以香口」，但「荽」字不見單獨使用。因此，胡荽本意就是從西域來的香菜。

胡荽之名為什麼變成芫荽？並沒有具體可信的說法，但有此一說：中國在五胡十六國時代，後趙的開國君主石勒（在位期間三一九～三三三年）是胡人，他認為「胡」字是歧視用語，曾下令禁用「胡」字。胡荽在那時改名原荽，後來再變成芫荽。

不過，我在網路上查到芫荽的波斯文 گشنیز 其發音 [giʃˈni:z]，開頭的音接近芫荽的音（芫荽也被寫成鹽須），似可推測芫荽是直接從波斯文音譯而來。

福州菜小考

真正福州魚丸店主送我一罐她做的紅糟（售價一百五十元），我剛試煮紅糟雞，果然腰瘦好吃，酒氣微醺的感覺，真是溼冷天的幸福，在此致謝。

這罐福州人做的紅糟，豔紅顏色，打開就聞到酒香。我人生第一次做紅糟料理，使用一隻去骨雞腿（肉雞），

紅通通的紅糟雞，腰瘦好吃！

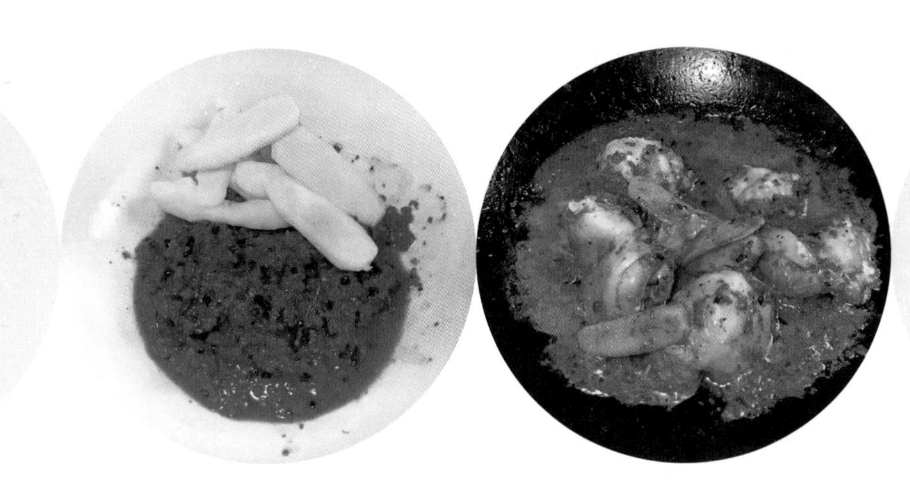

切塊後用紅糟醃一天。我用少許油，先把薑片、紅糟爆香，再把雞肉放進去炒，然後加水用中火煮十五分鐘即成。紅糟本身微酸微甜，所以我只以鹽和味精調味。試做成功，下次我會使用半隻仿仔雞（半土雞）。

紅糟是福州菜常用的調味料和天然增色料，可用來醃魚和肉，使其顏色變紅且散發酒香。何謂紅糟？我從紅麴說起。

●麴：ㄑㄩˊ，台語 khak，把白米或麥子蒸熟，加入麴種混合，使麴菌繁殖、發酵後再晒乾，稱為麴。麴是酒媒，可用來釀酒。

●紅麴菌：紅色的麴菌（黴菌）。

●紅麴（紅麴米）：以紅麴菌做成的麴。

●紅麴酒：紅麴泡水，糯米蒸熟，攪拌釀造

再過濾的酒。

●糟：ㄗㄠ，台語音 tsau，釀酒時濾下來的渣滓。

●紅糟：過濾紅麴酒剩下的渣滓。

基隆美食小吃有很多使用紅糟，常見紅糟鰻、紅糟肉、紅糟排骨（紅糟常被錯寫成紅燒），肉圓的肉餡先以紅糟醃過稱之紅糟肉圓，有的牛肉麵也加了紅糟。

閩菜的主流是福州菜，對台菜影響很大，從名菜「佛跳牆」到小吃胡椒餅（正名福州餅）。基隆源自福州的小吃還有福州魚丸、鼎邊趖（福州話稱鼎邊糊）、豆乾包、割包、燕餃（燕丸）、鹹光餅等。

台灣早年的福建移民，人數最多的兩個族群是泉州人和漳州人，講的是閩南語，福州人數量較少，講的是與閩南語在腔調和用詞上差距不小的閩東福州話。

福州在明、清時代就是福建的省城，也是中琉朝貢貿易指定的口岸，雞籠（和平島）是從福州前往琉球航線經過台灣北方海域的第一個指標。台灣在一八八七年建省之前隸屬福建省，尤其福州離北台灣較近，所以福州人與台灣也有密切關係。

根據歷史文獻，一六二六年西班牙人在雞籠（和平島）建城，島上就有福州人的小聚落了。

在清代，以當年的交通工具來看，福州距離基隆比台南近。從雞籠往福州（福建省城）走水路約八個時辰可到，但從雞籠到台南（台灣府城）走陸路卻要七天以上。

在日本時代，福州人仍常往來北台灣。根據台灣史蹟專家林衡道在《臺灣風情》（邱秀堂整理）書中所說，日本時代住在台灣的無日本國籍福州人約有三萬多人，當時基隆、台北都有定期船班往返福州，台北的士紳家庭流行聘用福州廚師。

「閩菜多羹湯」的說法，呈現在基隆廟口小吃琳瑯滿目的焿（羹）與湯。

XO醬

美食作家陳靜宜說要送我台北世貿聯誼社的「干貝XO醬禮盒」，她客氣說一直受到我的照顧，我趕緊說我雖然沒有照顧妳什麼，但XO醬一定要收下。

我想起二十年前報社長官請客，曾去過台北世貿聯誼社中餐廳一次，餐桌上就有這種XO醬，這是干貝醬的LV。

她說，採會員制的台北世貿聯誼社已經歇業，但許多會員喜愛其XO醬，於是委託已離職的師傅再做XO醬作為年禮。

我跟她說，我冰箱珍藏北海道生食級干貝，正好來做「XO醬炒帶子」。

XO醬起源於一九八〇～九〇年代，從香港傳到台灣。當年流行喝白蘭地，頂級的干邑白蘭地（cognac）稱之XO（extra old），所以XO成為頂級的代名詞。在蝦、魚、干貝等各種海鮮醬中，以干貝醬價格最貴，因此最好的干貝醬就簡稱XO醬，其主要成分是干貝、蝦米、金華火腿，微辣而香。

我不知XO醬炒帶子這道菜何時出現？所謂帶子，就是生的干貝。何謂干貝？其實「干」是「乾」的簡寫，在沒有冷藏設備的時代，各種海產大都做成乾貨，所以才有「乾貝」之稱，現在有了生鮮貨，但名字叫慣了已很難改變。

干貝指的是美味的「貝柱」，就是貝類

的「閉殼肌」，兩條用來閉合兩片外殼的肌肉，因負責閉合，所以被稱「帶子」，應該是命名由來。

XO醬炒帶子，就是用干貝醬炒生干貝，以XO醬的香辣襯托帶子的鮮美。我第一次做這種高檔菜，高檔餐廳會用蘆筍，我在冰箱找到高麗菜穎，配色也很好。我採隨意炒法，先學鐵板燒把干貝兩面煎到微焦，再爆XO醬炒青菜，以燴汁淋在干貝上，再擺盤即成。我看大概跟餐廳炒的差不多，果然也灰熊腰瘦好吃。

烏魚

有烏魚米粉，也有芋仔米粉，烏（oo）芋（ōo）諧音，所以我就煮了烏魚芋仔米粉。

我以烏魚頭熬湯，把烏魚箍煎赤赤，再與芋仔、米粉合煮，撒芹菜珠、白胡椒，山珍海味，腰瘦好吃。

可以想像：四百年前，大約在冬季，南台灣也有人煮了烏魚芋仔米粉。

台灣的番薯是外來的，看番字即知，但台灣有原生種芋仔，早年是原住民的主食。

有人大概想到「墨」和「烏」都是黑的意思，就問：墨魚也叫烏魚？

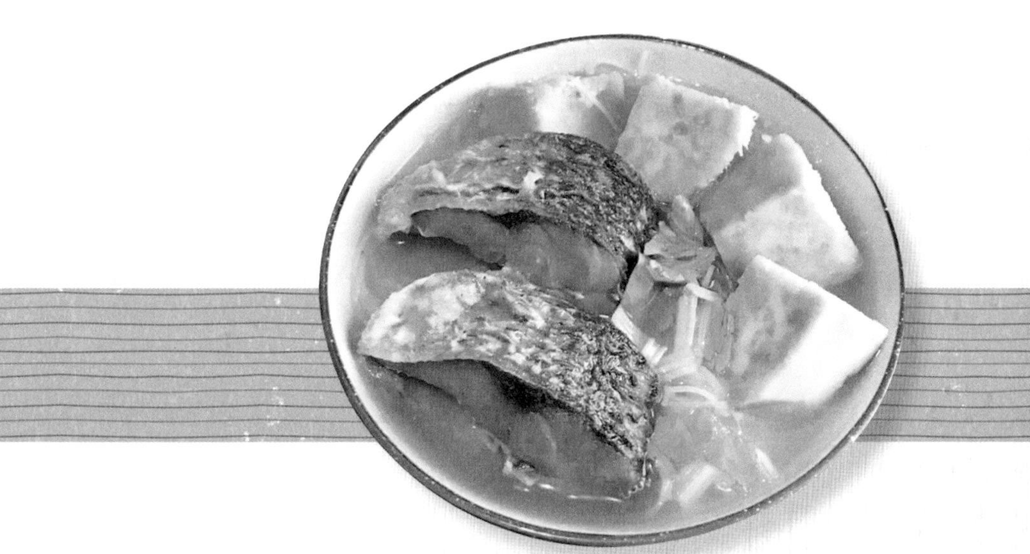

湯頭充滿芋仔和烏魚的香氣。

我說不是啦！墨魚是烏賊，烏魚是烏魚子他媽。

我這樣說他就聽懂了！因為一般人常看到烏魚子，較少看到烏魚。

烏魚又稱信魚，守信的魚，每年冬季隨北方大陸沿岸流（親潮）從台灣海峽南下避冬，在南台灣海域產卵。

早在十七世紀荷蘭人統治台灣之前，就有閩粵沿海漁民前來台灣本島和澎湖捕捉烏魚，最早只在冬天季節性停留，後來又兼農作，才逐漸定居下來。所以有人說，台灣漢人移民最早是被烏魚吸引來的，烏魚就是「烏金」。

台灣的烏魚產業，從荷蘭時代就開始對漁民徵什一稅（十分之一），後來明鄭、大清時代也都跟進。清代方志記載：「官徵稅，給烏魚旗，始許採捕。」

台灣漁民捕魚大都以斤計，但烏魚卻是以尾計。為什麼？烏魚最有價值的部位是母魚的卵巢，可鹽漬、晒乾做成名貴的「烏魚子」（台語音 oo-hî-tsí）。公魚的精囊則稱之「烏魚鰾」（台語音 oo-hî-piō，鰾也寫作膘），一般直接生煮，也是高貴的食材。

烏魚取出卵巢、精囊後，稱之「烏魚殼」，價值就低了，常整尾賣，可煮成烏魚米粉、麻油烏魚。

流水麵線與流水巴士

女兒曹天晴從日本寄來的居家防疫補給品，其中有名牌「揖保乃系」的「手延素麵」及沾醬汁，我今天試煮，果然灰熊腰瘦好吃！

日本的「素麵」（索麵，そうめん，sōmen），在麵糰中加入植物油以便拉成細線，再予風乾備用，其乾麵條的尺寸有規定：手拉素麵不得超過〇．〇一七公分，機器素麵則在〇．〇

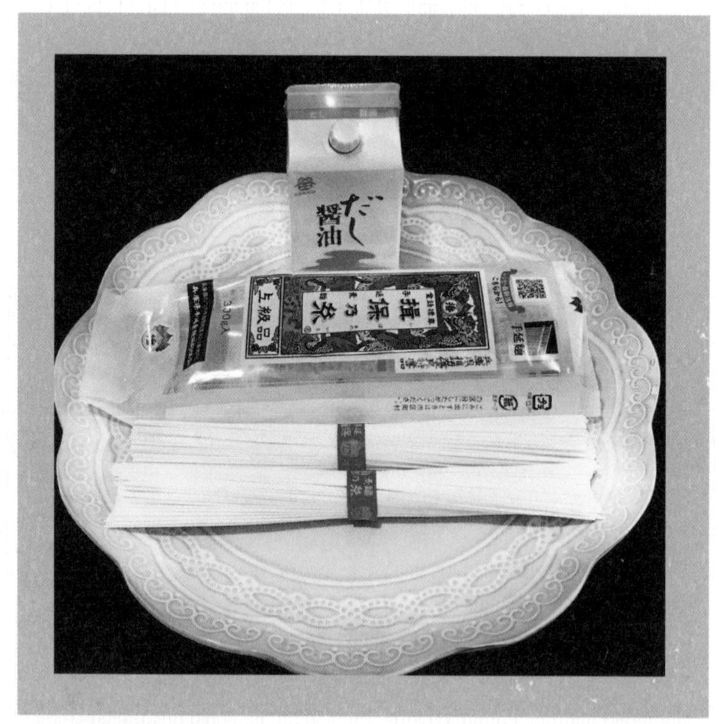

來自女兒的心意。

一三～〇．〇一七公分，很像台灣的麵線而更細。

日本素麵有一種吃法叫「流し素麵」（nagashisōmen），把青竹劈成兩半接成水管狀，讓煮好的素麵順水流下，以流水降溫並洗去黏性，讓麵條有彈性及光澤，吃來爽滑又可口。

曹天晴教我簡易法，水煮一分半鐘，撈起來用流水沖涼，再放入冰水一下，瀝乾即成。

這種素麵灰熊強大，我另加到昨天煮的麻油雞中，雖細而Q，腰瘦好吃。

吃「流水麵線」，我想到基隆在日本時代的「流水巴士」。

基隆最近的熱門景點是誠品書店所在的「基隆要塞司令官邸」，這是戰後的名稱，在日本時代稱「基隆流水バス社長宅」，即日本企業家流水伊助在一九三二年所建的私人邸宅。

流水伊助一九二二年先在基隆經營公共馬車，後來以他的姓氏成立「流水バス」（バス是英語 bus 音譯，即巴士），這是私有企業的公共汽車，即戰後基隆市公車的前身。

流水伊助私宅鄰近一九〇九年興建的「クールベー濱海水浴場」（孤拔濱海水浴場），這是以清法戰爭法國海軍名將孤拔（Courbet）為名的台灣第一座海水浴場（今東九～十五碼頭之間），因為當年孤拔艦隊在大沙灣海灘登陸。

這座海水浴場在日本時代是著名觀光勝地，可想像流水巴士從基隆火車站載運各地旅客，如流水般到達了大沙灣海灘。

＊北投早年的「走唱」稱之「那卡西」，就是源自日文「流し」（nagashi）。

＊日本時代的「基隆要塞司令部」，司令官邸在今基隆廟口一帶仁四路與愛四路交口上方的紅磚洋房，當時人稱「少將館」，所以下面一帶稱之「少將腳」，此一建築在二戰末期美軍空襲被炸毀。

＊戰後，國民政府沿用「基隆要塞司令部」的名稱及建築，因司令官邸已毀，所以改用「基隆流水バス社長宅」為司令官邸。

＊「基隆要塞司令部」在一九五七年因戰術型態及戰略目標的改變而裁撤，一九五八年併入警備總部的「基隆要塞總隊」，一九五九年再裁撤。後來，司令官邸租給李濟捷家族，故一度稱為「李宅」。

烏魚子

去年十月我在市場買的生烏魚子，提供海大環境生物與漁業科學系王佳惠教授研究，結果她送我日本長崎製作的真空包裝片裝即食烏魚子，我珍藏到今天才開箱試吃。

王教授送我兩包，包裝上有詳細說明，一包是長崎的烏魚子，一包是豪州（澳洲）的烏魚子，每包各有五片。

日本也有烏魚子，但產量少而較小。日本人一樣視烏魚子為珍貴的禮物和食物，日文稱之カラスミ（karasumi），這是「唐墨」二字的訓讀音，「唐」訓讀から（kara），「墨」訓讀すみ（sumi）。日本人覺得烏魚子的形狀

烏魚子製作成小包裝，很方便食用。

珍藏的兩包烏魚子，今天才開吃。

很像從中國傳來日本的墨，所以稱之「唐墨」。

其實世界各地都有烏魚，歐洲人很早就吃烏魚子，不過做法不同，烏魚子義大利麵歷史悠久。

試吃結果：我切了蒜苗佐之，日本製的烏魚子沒有台灣的鹹，但我分不出長崎和澳洲的烏魚子，都是腰瘦好吃。

現今台灣生產的烏魚子，有很多來源，包括進口、野生及台灣養殖的生烏魚子，大都送往中南部傳統工廠製作。

一般認為野生的烏魚子品質較好，其實也不一定，因為野生烏魚每隻的品質、顏色等都不一樣，而養殖烏魚有的為了提高品質，要養足三年才取卵。

總之，台灣人可以吃到相對便宜好吃的烏魚子，這是台灣人習以為常而不自知的幸福。

台灣烏魚小考

二〇二三年十月底，我在基隆仁愛市場買了較小的生烏魚子，我抹鹽煎赤赤腰瘦好吃，並在臉書推測當時的烏魚從何而來？

●每年冬季從台灣海峽南下避冬、產卵的洄游性烏魚，其先頭或離群的烏魚？（但當時離冬至太早，似不可能。）

●台灣沿岸的烏魚。

●養殖魚塭的烏魚。（聽說二〇二三年養殖烏魚生長及產量狀況不佳，不少養殖戶提早收成，可能讓未達上市體型的養殖烏魚流入市面。）

結果，在國立台灣海洋大學「環境生物與漁業科學」王佳惠教授研究室擔任博士後研究員的江俊億透過臉書跟我聯絡，問我哪裡買的魚卵？並希望我轉賣一些提供研究。

哇！我樂於「捐卵」提供研究，也希望獲知結果。今天終於有了答案，我整理跟王佳惠、江俊億老師請教的台灣烏魚知識，在此分享。

台灣的烏魚目前已知三種「隱蔽種」，也就是外觀完全一樣，必須依靠分子生物學技術才能區分的物種，命名如下：

- NWP1：原棲息在山東渤海溫帶海域，每年冬季隨北方大陸沿岸流從台灣海峽南下避冬，並在南台灣海域產卵的「洄游烏」，體型較大（一般超過五十公分），每年十二月成熟。
- NWP2：在台灣黑潮溫暖水域、河口活動的「本土烏」，又稱「黑潮烏」、「河口烏」、「港口烏」，不分季節都可捕獲，體型較小，每年十一月成熟。不過，非產卵季的烏魚市場價值不高，漁民沒有捕撈意願。
- NWP3：隨西南季風從東南亞上來的烏魚，在恆春半島河口偶有捕獲，但數量極少，採樣大都是魚苗，還有待進一步研究。

台灣的養殖烏魚與「河口烏」同是NWP2品種，其魚苗雖可自行培育，但通常都是在河口直接捕撈。

如何分辨「養殖烏」與野生的「河口烏」？可用脂肪酸判別，養殖常用單一豆製魚粉的飼料，野生則會食用多種天然的藻類，因此會有不同的脂肪酸組成。

本文開頭講的生烏魚子，經檢驗其脂肪酸介於養殖跟野生之間，但偏向野生。

附圖是我煮的烏魚、烏魚子，腰瘦好吃。

虱目魚罐頭

番茄汁的魚罐頭種類實在很多。

天氣很冷，我想到虱目魚也怕冷，就開了三興魚罐宅配的番茄汁虱目魚罐頭，配剛煮好的台稉九號白米飯，腰瘦好吃。

很多人不知道台灣也有虱目魚罐頭，對比鯖魚罐頭，其肉質較嫩，價格也較貴。

台灣的虱目魚罐頭好像都是番茄汁口味，除了「同榮」、「三興」較大品牌，還有台南七股的「魚多多」、台南將軍的「日寶」等。

台灣在日本時代開始建立漁業，並設立水產學校。當時台灣也開始製造各種魚罐頭，除了使用黑潮帶來的大量鯖科魚類（鯖、鰹、鰆、鮪）及旗魚外，養殖的虱目魚也在內。根據研究資料，當時台南安平水產專修學校有製造「燻製虱目魚罐頭」。

我在想，台灣的虱目魚罐頭應該有更多口味，煙燻應該也不錯。

虱目魚（*Chanos chanos*）主要分布在印度、太平洋的熱帶及亞熱帶海域，在東南亞是重要魚獲。根據目前的研究資料，虱目魚養殖最早是在印尼爪哇（印尼語 bandeng），後來傳到菲律賓（菲律賓語 bangus），然後再傳到台灣。

根據《吃的台灣史》的推測，台灣在荷蘭人之前就有虱目魚養殖，可能經由南島語族文化圈或漳泉潮文化圈傳入。

目前全世界的三大虱目魚養殖國家就是印尼、菲律賓、台灣，台灣養殖技術最好，很多印尼移工配偶都說台灣虱目魚非常好吃。

我上網查了一下，菲律賓的虱目魚罐頭有油漬、sisig（與洋蔥、辣椒混合）、Spanish style（與蒜、月桂葉、黑胡椒、胡蘿蔔、綠橄欖、橄欖油混合）等口味，甚至有特別的虱目魚肚部位。

印尼則有 sambal terasi（叁巴辣蝦醬）口味。

煙仔虎

這隻煙仔虎真是又大又漂亮，怎能不買回家享用！

牠的英文名稱就取自身上的條紋。

在菜市場魚攤上發現一尾煙仔虎，看魚眼發亮鮮度不錯，我已準備要買，先問一斤多少？

一斤一百，比很多養殖魚便宜，但煙仔虎是不在瀕危名單的野生海魚，而且冬季正肥美。

請頭家娘稱一下，剛好三斤三百。我跟她說，魚頭魚尾要煮湯，魚身輪切要油煎。

此時旁邊有一婦人問：這是什麼魚？頭家娘說叫煙仔虎，並說也有人叫simi。嘿！我沒聽過，先記下存參。

回家後，先切薑片把魚頭魚尾煮湯，腰瘦好吃。吃時又想了一下，頭家娘說的simi，會不會是煙仔虎的另一個俗名「疏齒」（se-khí）？也有人寫成「梳齒」、「西齒」。

我喜歡研究台灣海產俗名，搜尋漁夫也不知道的魚名由來。我的動機是好奇心，方法學是：跨國數位資源＋菜市場調查＋不斷詢問。我在二〇一八年出版《花飛、花枝、花蠘仔：台灣海產名小考》之後，因樂在其中，還繼續探討至今，貓頭鷹準備重出增訂版，我會再公布。

煙仔虎是台語俗名，此魚學名*Sarda orientalis*，台灣中文名「東方齒鰆」，中國中文名「東方狐鰹」，日文稱之「齒鰹」（ハガツオ，hagatsuo），英文稱之striped bonito，直譯是條紋鰹魚。

煙仔虎為鰆魚類，鯖、鰹、鰆、鮪同屬鯖科，所以基隆八斗子觀光漁港（碧砂漁港）稱煙仔虎為「小鮪魚」，可做生魚片。煙仔虎也可用來製造鮪魚罐頭，知名度愈來愈高。

煙仔虎之名來自「煙仔」，煙仔主要指正鰹，其命名由來我有專文論述，在此不談。

煙仔虎之名由來，一般說因追捕「煙仔」而得名，類似「飛烏虎」（鬼頭刀）

追捕「飛烏」（飛魚）。但我想，煙仔虎體型最長約一百公分，與正鰹差不多。以此來看，煙仔虎只能追捕小煙仔。

因此我提出另一個看法：煙仔虎與煙仔的外表很像，兩者最大的不同是身上的條紋，煙仔虎的橫紋在背部，煙仔的橫紋在腹部。此外，煙仔虎的牙齒比煙仔尖利而粗疏，故又名「疏齒煙」，或許更能說明「虎」名由來。

如果看魚肉，煙仔是紅肉，煙仔虎則偏白肉。

＊《花飛、花枝、花蠘仔：台灣海產名小考》於二〇二三年推出修訂版《一午二紅沙，三鯧四馬鮫：台灣海產的身世》。

鮸魚

幾天前我用三分之二顆益生菌酸高麗菜炒梅花絞肉，腰瘦好吃。朋友說澎湖人用自種自製的「高麗菜酸」煮魚，綠糧行郭先生說，高雄國賓飯店用綠糧行的酸高麗菜煮龍膽石斑。

我冰庫裡有一片鮸魚，今天拿出來煮那三分之一顆益生菌酸高麗菜，切些薑片，淋些米酒，一煮即成。酸高麗菜比酸菜（芥菜）溫和，煮過的菜也柔軟可吃。

連橫在《臺灣通史》說：「鮸

魚，春、冬盛出，重二十餘斤，臺南以魚和青檨煮之，味極酸美。」以芒果青煮鯿魚，堪稱獨特的台灣味，不知今天還有沒有這種煮法？台南人用酸香的「西瓜綿」煮新鮮的虱目魚，我今生必要一嘗。

由此可見以發酵而酸的蔬果煮魚湯，先人早知其美味。如此，我以上等酸高麗菜煮鯿魚，鯿魚當無憾矣。

鯿（台語音 bián）魚在台灣是有名的好魚，台灣早年好魚排行榜有一個版本：「一鯿二嘉鱲，三鯧四馬鮫」，鯿魚甚至排名第一。所以台語俚諺說：「有錢食鯿，無錢免食！」鯿魚今日在台灣雖已發展養殖，但在養殖魚中仍屬高價。

在中國文獻，鯿魚自古即被視為一等好魚，清《說文解字注》：「隋煬責貢四方，海錯幾盡，首日鯿魚。」（「海錯」指眾多海產，因為海產錯雜非一種）

鯿魚在分類上屬石首魚的一種。石首在古代文獻指「頭中有石」，就是頭部內耳的「耳石」（otolith）。根據中研院《台灣魚類資料庫》，耳石是魚類成長過程中所形成的碳酸鈣結晶，具有協調肌肉，感受速度、重力、聲音，以及分析頻率、偵測深度的功能。

石首魚以擁有特別大的耳石得名，所以在分類上的中文名是「石首魚科」

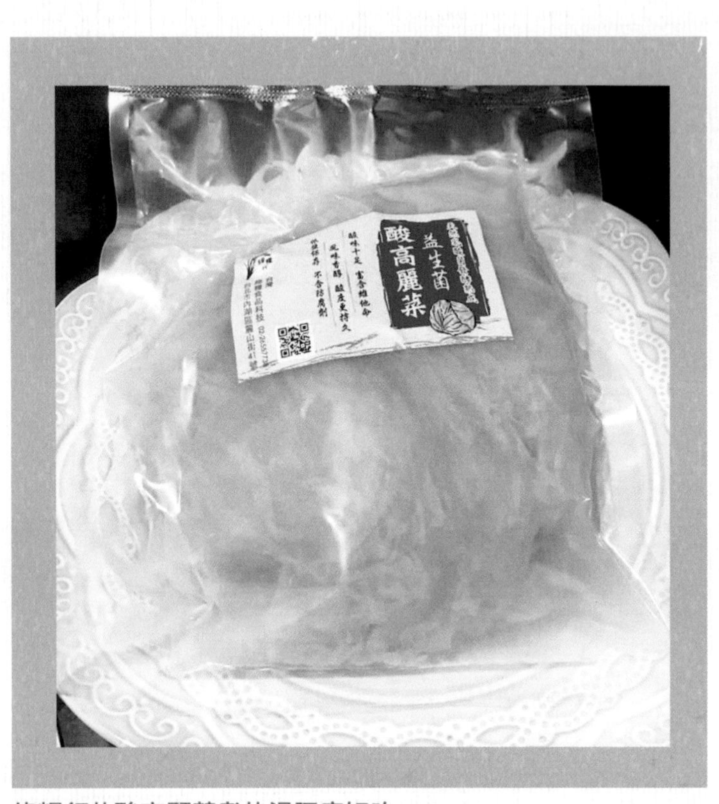

綠糧行的酸高麗菜煮的湯腰瘦好吃。

(Sciaenidae)。鮸魚指大型石首魚，可達兩公尺長，黃魚、烏喉、春子是相對體型較小的石首魚。

明《閩中海錯疏》（一五九六年）：「石首，頭大尾小，無大小，腦中俱有兩小石如玉，鰾可為膠。」這句話符合現代對石首魚科的定義，其中「鰾可為膠」則指出石首魚的另一個特徵。

鰾是魚類體內可

以漲縮的氣囊，讓魚藉以調節在水中的沉浮，有的鰾還具有呼吸、發聲、輔助聽覺的功能。石首魚的鰾特別發達，呈圓筒形、錘形或錨形，因為富含膠質、蛋白質，所以大型石首魚的鰾晒乾後成為珍貴的食材和藥材，稱之魚膠、花膠或魚肚，名列中國「四大海味」：鮑、翅、肚、參。

日本人稱石首魚為ニベ（nibe），ニベ有黏的意思，因為石首魚的魚鰾具有黏性，在早年可做黏膠之用。

石首魚還有一個特徵，就是可藉著肌肉牽動鰾發出不同的聲響，所以在西方稱石首魚為「鼓魚」（drums）或「鳴魚」（croakers）。

以「姑」為名的小型石首魚，包括叫姑、白姑、黃姑、黑姑等，就是以發出「咕咕」叫聲而得名，一般認為與春季繁殖期間求偶有關。

珍珠奶茶海鰻

今天台灣媒體報導，日本九州南方奄美大島發現新種黑褐色圓斑海鰻（*Gymnothorax shaoi*），以魚身花紋命名「珍珠奶茶」。有的媒體還說是「另類台灣之光」。

其實，此一海鰻中文稱「邵氏裸胸鯙」，中研院《台灣魚類資料庫》登錄為台灣特有種，但現在日本也發現了。

邵氏裸胸鯙的台語俗名「錢鰻」，以魚身上黑褐色圓斑似錢幣而得名，也稱「虎鰻」。不過，有多種鯙科魚類俗稱錢鰻、虎鰻、薯鰻。

我看日文命名：タピオカウツボ，タピオカ（tapioka）是珍珠奶茶，ウツボ（utsubo）是海鰻，因此全稱是「珍珠奶茶海鰻」。

日文タピオカ是英文外來語 tapioka，即木薯粉（樹薯粉），因台灣珍珠奶茶的粉圓主要以木薯粉製作，故日文稱珍珠奶茶タピオカミルクティー（tapioka mirukutī），簡稱タピオカ。

二〇一九年五月，我去東京看曹天晴自創保養品牌 IKIIKI OIL CARE 的經營，當時珍珠奶茶風靡日本，我在東京新宿看到春水堂茶湯會、貢茶、一芳、鹿角巷的店，排隊都在二十人以上，甚至上百人。

她排隊買了茶湯會的鐵觀音珍奶給我喝（一杯五百日幣），果然有我熟悉木柵鐵觀音的茶味，腰瘦好喝。

二〇一九年四月日本公布新天皇年號「令和」，之前徵詢新天皇年號，有媒體調查澀谷高中女生意見，竟然有人建議用タピオカ，排名第十一。

珍珠奶茶早在一九九〇年代就進軍日本，但近年才大受日本年輕人喜愛。

曹天晴認為，珍珠奶茶近年在日本大紅，與日本人對台灣好感度大增有關。

（按：二〇二二年十二月二日撰文、六日修訂）

鴨鮝．鹹膎

我媽在宜蘭買了鴨賞，豪邁厚切，腰瘦好吃！台語鴨賞的「賞」（siúnn），無關犒賞，只是諧音的借字，教育部《臺灣台語常用詞辭典》已公布正確的字「鮝」（siúnn）。

中文字典說「鮝」（ㄒㄧㄤˇ）指剖開晒乾的魚，鴨賞正是類似的做法（剖肚、撐開、鹽漬、壓扁、風乾、蔗燻）。

以鹽醃漬的魚、蝦、貝、蚵等，台語稱之 kê/kuê（音同「給」），過去寫成諧音的「鮭」、「胜」、「給」、「過」等，教育部《臺灣台語常用詞辭典》已公布正確的字「膎」（kê）。

中文字典說「膎」（ㄒㄧㄝˊ）是乾肉，《說文解字》指「膎」即「脯」（乾肉），中國古韻書說「通謂儲蓄食味爲膎」、「吳人謂腌魚爲膎䐹」（䐹也是乾肉）。

炒鴨賞真香、真好吃。

高粱酒香腸

台灣菜市場的豬肉攤，很多會以賣剩的豬肉灌香腸，近年流行高粱酒香腸，一斤僅約一百八十到兩百元。你還可以要求客製，自行提供高粱酒，增加香腸的酒味。

豬肉攤的高粱酒香腸很多使用金門五十八度的高粱酒，香氣和酒味都夠，腰瘦好吃。

我拿出我媽買給我的高粱酒香腸，解凍後蒸熟，散發高粱酒氣的真情，沒有亞硝酸鹽的假紅，切片鋪在飯上，放了蒜片，撒些蒜苗，有點微醺的幸福。

早年缺乏冷凍設備，香腸要經過煙燻和風乾（有的只風乾），才能長期保存，因為常在

天冷的臘月（農曆十二月），故稱臘腸。

我不知道台灣在哪個年代開始出現生鮮香腸，可以冷藏、冷凍，這樣就不必添加防腐劑。

香腸的台語，大都稱「灌腸」（kuàn-tshiâng）、「煙腸」（ian-tshiâng），後者命名來自早年的煙燻香腸。但「煙腸」在台南、高雄也念作 ian-tshiân。

台語香腸的「腸」，取其文讀音 tshiâng，「腸」的另一個文讀音 tiông，例如「斷腸」（tuān-tiông）。

台語香腸的「腸」不能念作白讀音 tn̂g，「腸」如果念白讀音，那麼「灌腸」（kuàn tn̂g）就指清洗腸道的醫療措施。

魷魚螺肉蒜

大家一起享用這鍋魷魚螺肉蒜，溫暖愉快。

我今晚在太平青鳥「冬日方舟」飲食悅讀講座講述「基隆海產年菜的前世今生」，主辦單位準備「魷魚螺肉蒜」共享，腰瘦好吃，皆大歡喜。

本次活動有四十人報名，雖然下雨也來了二十多人，場面溫暖，互動愉快。

之前，主辦單位想讓讀者有試吃年菜的體驗，請我建議一道基隆餐館的菜，在綜合考量下，我推薦基隆碧海樓海鮮景觀餐廳的「魷魚螺肉蒜」。

魷魚螺肉蒜本是台灣著名酒家菜，主要材料是阿根廷魷魚乾、日本雙龍牌螺肉罐頭，將泡發過的魷魚與蒜苗、芹菜、排骨炒香後，把罐頭螺肉連湯汁倒入鍋中煮沸即成，有人再加冬筍、蘿蔔、香菇等，後來成為年菜。

戰後，基隆委託行販售的舶來品中也有食品，其中有些高價的罐頭，尤以車輪牌鮑魚罐頭最為有名。因此，車輪牌鮑魚罐頭、魷魚螺肉蒜是我從小就知道的年菜。

（按：二〇二四年二月二日撰文）

豬腳

幾個月前，台大台灣文學研究所楊雅儒教授來基隆考察廟口文化，我請她吃紀家水煮原汁豬腳和麵線，她就說要回請我吃三重「五燈獎」豬腳飯。

前天我去她的課堂分享《艾爾摩沙的瑪利亞》，她竟然當場拿出冷凍的豬腳和滷汁，還強調她買的豬腳都是「中段」。

我帶回家試煮，先把滷汁以小火煮化，滷汁裡還有豬皮，滿滿的膠質，再放入豬腳，共有六塊，都是整塊的中段。

我以大碗盛了剛煮好的宜蘭香米飯，放了三塊自醃蘿蔔，鋪上油亮豬腳，淋下帶皮滷汁，

這是「腰瘦好吃」。

基隆是不是沒有這種豬腳飯？幾年前，三沙灣新開一家「知高飯」，我進去就說要吃豬腳飯，結果頭家冷冷的說：「這裡沒有賣豬腳。」

當然我後來搞懂了，知高飯只賣「腿庫」（腿褲）部位。

我曾幫《上下游》副刊寫過一篇〈撐起基隆廟口的兩隻腳〉，介紹仁三路第二十二號攤的滷豬腳、愛四路夜市的紀家水煮原汁豬腳。

雖然大家都知道豬腳，但豬有四隻腳，很多人還是弄不清楚豬腳的部位及其定義，尤其不懂為什麼說豬的前腳比後腳大？豬的前腳，廣東人稱「豬手」，以前手後腳來分，較為清楚。

豬的四肢，可分成後肢與前肢。後肢分成上下兩部分，上方是肉多而肥的「蹄膀」（後腿蹄膀，台語稱腿庫），下方是骨大肉少的「後腳」。

前肢則統稱「前腳」，所以比後肢少了蹄膀的後腳大。前腳上方因肉多又稱「小蹄膀」（相對於後肢較肥大的蹄膀），就是「德國豬腳」使用的部位。前腳下方的肉，也比後腳多。因此，前腳的價格比後腳貴。

基隆廟口的豬腳都使用前腳，因為前腳比後腳肉厚、皮Q，口感較好。

前腳中段數量最少又最受歡迎，腰瘦好吃！

在基隆廟口吃豬腳，你不能只跟頭家說你要點豬腳，因為這裡的豬腳分成三種部位，你最好先知道每種部位的台語俗稱。

豬前腳上肢肉多的大腿部位，也稱之「腿庫」或「腿包」，下肢則包括豬蹄部位，稱之「跤蹄」（kha-tê），以及小腿部位，稱之「中箍」（tiong-khoo），台語「箍」指圓形的塊狀物，即整隻前腳的中段。

豬前腳的「中箍」，以其筒狀內有四根骨頭、可看見四根骨頭的切面，也稱「四點仔」；又因可以切稱四塊，故稱「四周」（sì-tsiu）。台語「周」指圓形物縱切成弧形的一片，因此有切做四周、六周的用法。

這三種部位，雖說人各有所好，但以其皮脂肉均勻的「中箍」（中段）最受歡迎，加上量少，所以最早賣光，想吃得趁早。

由此可見，楊教授送我的豬腳是最難買的部位，也是我最愛吃的部位，在此致謝。

客家覆菜

老番跟他的老友、關西客家耆老黃卓權討覆菜（福菜），提到我也喜歡，所以黃兄找到友人特製的兩瓶正港、頂級客家覆菜，我有幸分到一瓶，在此致謝。

這瓶裝在金門五十八度高粱酒瓶的覆菜，一看就灰熊強大，那是經歷時間的暗黃，呈現光陰的色澤。

剛才開瓶，先用水果叉子挑出兩條，我知道下次要去找勾子了。

我聞到覆菜的香氣！洗淨切好，配兩片薑，與菜市場買的黑毛豬三層肉共煮，灰熊腰瘦好吃。

我只能說，多年來我在客家庄吃的覆菜肉片湯，不是覆菜品質不好，就是加太多水煮到沒味了。

古早時代，生產太多的蔬菜，只有兩條路：一是發霉，一是發酵，前者變臭必須丟棄，後者生香可以保存，這是先人的智慧。

台灣客家人以芥菜作為醃菜的材料，他們利用秋收春耕之間的空檔來種植芥

再切兩片薑一起煮湯。

用叉子挑出兩條覆菜。

菜，再以傳統的醃菜方法，依不同時間的日晒、風乾、發酵，依次可以做成鹹菜（酸菜）、覆菜（福菜）、鹹菜乾（梅干菜），再以各式醃菜搭配肉類烹調客家特色料理。

吃剩或賣不完的鹹菜，也會腐壞，可以再做另一種醃菜。鹹菜再抹鹽、日晒、風乾，在水分未完全乾燥時，撕成長條塞入玻璃瓶罐（也可放入陶甕），擠壓緊密，再把瓶子倒置，讓水分流出，最後再把瓶口密封，瓶子放正。經過約四至六個月的發酵，可做出比酸菜更溫和有韻、最具代表性的客家醃菜。

由於製作過程把容器翻轉，客家語叫「覆」，所以做好的菜稱為「覆菜」，因客家語「覆」、「福」諧音，故稱「福菜」。客家語的覆菜，在台語念成 phak-tshài。

以鹹菜做覆菜時，大都選用菜梗部位，剩下的菜葉可繼續日晒，直到完全晒乾，再捲成球狀，就成了鹹菜乾，可以保存更久，煮出香甘味的「梅干扣肉」。

跟肉片一起煮，又香又好吃。

意麵・薑母鴨

天寒，跑去霸味薑母鴨外帶鍋底（兩百八十元），雄雄想到家裡有意麵，「鴨親子丼」的概念於焉誕生。

台灣傳統意麵是鴨蛋揉合麵粉製成，後來有以成本較低的雞蛋代替。台南親家贈送台南鹽水的高級意麵（良味製麵，福得里後厝三十一號），就是正宗的古早味。

一鍋薑母鴨，上面浮著一層麻油，一般拌麵線，我則拌意麵，如此鴨肉鴨蛋就融為一體。

冬天高麗菜的腰瘦好吃，正好平衡高熱量薑母鴨的「妖獸」好吃。

台灣自一九八〇年代開始流行薑母鴨至今，與羊肉爐、麻油雞被戲稱台灣人的「歲寒三友」。

日本時代《臺日大辭典》有薑母茶、薑母糖而無薑母鴨詞條，但有東菜鴨（冬菜鴨）詞條，看來薑母鴨是台灣人在戰後所創。

台語「薑母」就是生薑，客家語稱「薑嫲」。所以薑母鴨是薑母＋鴨，不是薑＋母鴨。

事實上，薑母鴨使用「番鴨公」，即紅面番鴨的公鴨，脂肪較少而耐煮。

良味製麵的鹽水意麵是正宗古早味。

下廚之必要——冬天動起來

桂竹筍

初冬，在菜市場也能買到熟的桂竹筍，一包一斤裝約五十元。

我把竹筍撕條切段，先爆香蒜頭，炒一下竹筍，再倒入雞高湯，以小火煮三十分鐘，直到湯汁半乳化，此時筍軟湯濃，腰瘦好吃！

台灣大概是全球僅見的竹筍天堂，全年產筍，春天的箭筍、桂竹筍，夏秋的綠竹筍、麻竹筍，冬春的孟宗竹筍，各有風味。

其中桂竹筍纖維最多，產季在四月至五月，產期很短，之後只買得到桂竹筍乾，或是整枝去殼煮熟裝桶（鍍錫鐵桶）保存的桂竹筍，稱之「桶筍」，可保存達六個月以上。

這是已經煮熟處理過的桂竹筍，可保存較久。

「桶筍」是罐頭原理，但桶內竹筍似有點酸味。現在聽說有煮熟冷藏的桂竹筍，或許更好。

炒珠葱

今天在菜市場邊看到一位婦人擺地攤賣珠葱，一小把三十元，我買回家當菜炒了。

腰瘦好吃！但不夠配半碗飯。

台灣全年產葱，但以冬春盛產而品質最佳，尤其珠葱大都在此時才能看到。

珠葱比一般青葱細小，蔥白（莖葉）相似，但會有紅色結頭（鱗莖），稱之紅葱頭，切小丁炸成葱頭酥，成為台灣人最愛的調味料之一，滷肉飯、米粉湯、扁食、米篩目（米苔目）、摵仔

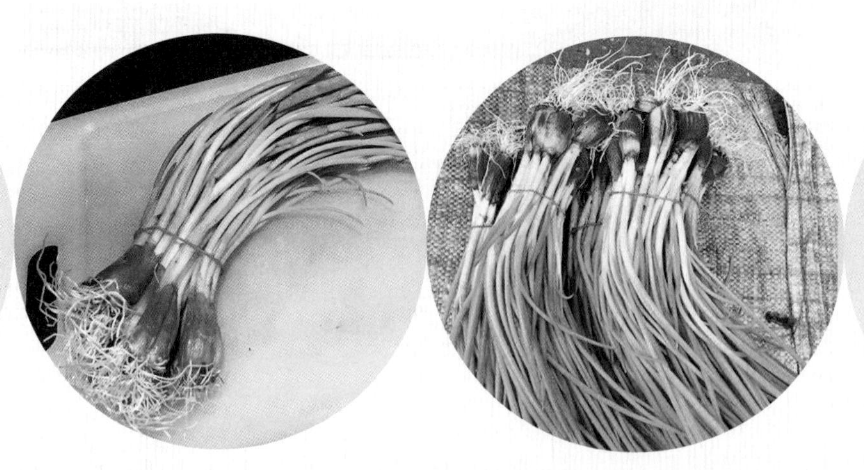

麵（切仔麵）等都不能沒有它。

珠蔥植株成熟後，可採收蔥白食用，紅蔥頭做蔥頭酥；如果只採蔥白，則可繼續生長再採。採收的紅蔥頭除了做蔥頭酥，晒乾後可以再種植。

蔥爆絞肉

今天基隆攝氏十八度下雨，開始冬天溼冷的天氣。我煮了今年第一鍋芥菜湯，煎了鴨蛋，炒了蔥爆絞肉，腰瘦好吃。

菜市場有攤販賣芥菜心，一堆約十個六十元，我拿出冷凍的雞、豬高湯，加了竹薑，以中火煮了半小時，湯汁苦中帶辛，隨後回甘，非常暖心。

鴨蛋與雞蛋看外殼就知，鴨蛋比較好吃，我熱鍋先煎荷包鴨蛋，再用剩油做蔥爆絞肉。

何謂醬爆？就是醬油要爆過才會香，所以把炒半熟的肉撥到旁邊，把醬油淋在熱鍋上，看到蒸氣冒泡，然後再炒熟。

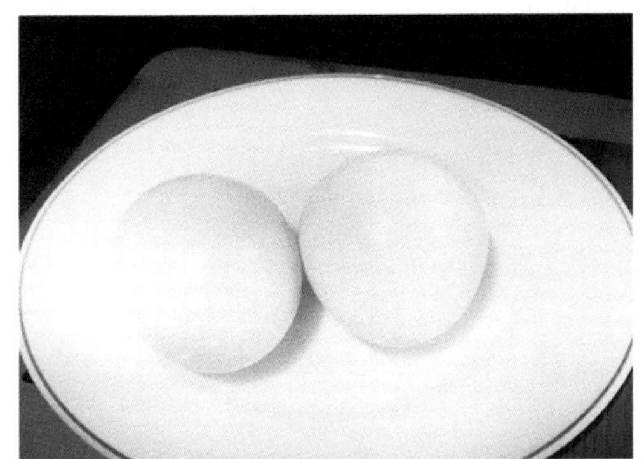

看得出哪一顆是鴨蛋、哪一顆是雞蛋嗎？

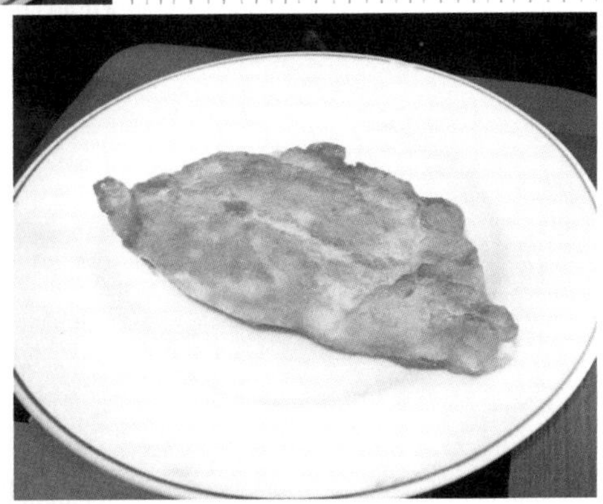

這是我的招牌煎蛋，像荷包一樣。

光看這個醬爆，就覺得香極了！

涼拌白菜心

今天食飽傷閒，所以煮了「芥菜烏魚麵」之後，又做「涼拌白菜心」，腰瘦好吃！台灣冬季白菜大出，白菜被層層剝削拿去炒作之後，才見鮮嫩的白菜心，用來涼拌生吃最妙。

自己做的，除了新鮮白菜心、芫荽（iân-sui），以及特製白玉豆干、現去皮鹹酥花生之外，調味也都是上選：

●台北民星頂級鯖魚露

加滿配料的涼拌白菜心，腰瘦好吃！

●屏東崁頂義興胡麻油

●基隆紙包烏醋

●砂拉越白胡椒

●沖繩島鹽

涼拌白菜心是中國北方菜，又名「松柏長青」。我最早嘗鮮是三十年前在台北報社後面的陶然亭餐廳，當年是贈送的小菜，另一道贈送菜是蒸臭豆腐。

新年加倍好彩頭

氣！忘了買大蒜，臨時以小黃瓜代替蒜苗的綠。

今天元旦，但傳統市場照開，我先買了「菜頭」，又看到「菜頭粿」，決定今年以菜頭＋菜頭粿，加倍的好菜頭——好彩頭——開吃！

跟路邊攤婦人買的菜頭粿（客語菜頭粄，華語蘿蔔糕），長約十二公分、寬約十公分、高約五公分，賣一百六十元。婦人說，菜頭粿是她自己用純米做的，保證我吃過一定再來。

菜頭洗淨切開，只取中心部位，連皮部位拿去醃漬泡菜。以薰雞骨頭高湯，先煮菜頭，十分鐘後再下菜頭粿，煮開調味即上桌，腰瘦好吃！

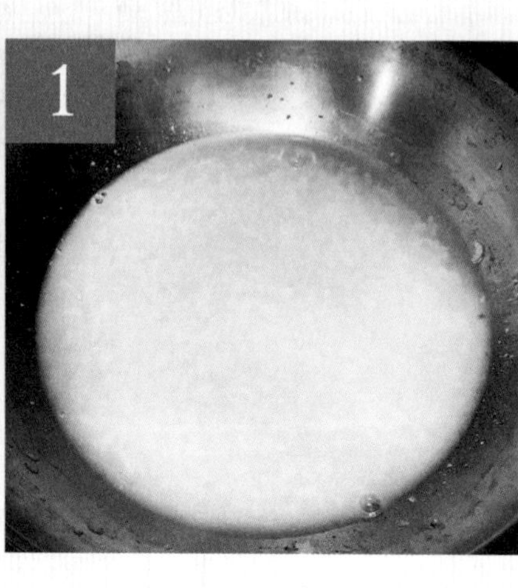

腰瘦醃蘿蔔

蘿蔔連皮切塊，用鹽抓一抓，放置半小時脫水。

然後依下列步驟如圖所示：

1、煮些稀飯放涼。

2、倒入韓國粗辣椒粉。

3、再放切（絞）碎的蔥、蒜頭、辣椒，以及切細條的韭菜、胡蘿蔔。

4、加入糖、魚露拌勻。

5、放入蘿蔔切塊拌勻。

裝罐後，放置一天半任其自然發酵，打開即可食用，之後要放冰箱，減緩繼續發酵變酸。

這種以稀飯、魚露、糖幫助發酵的醃蘿蔔，

醬汁濃厚，腰瘦好吃。

醃蘿蔔吃完後，剩下的酸濃汁可煮湯，或做火鍋底。

白菜

冬天白菜大出，包心白菜可清炒、煮火鍋，山東白菜可做泡菜。我喜歡濃烈的韓國泡菜「김치」(kimchi)，也喜歡淡雅的日本泡菜「白菜漬け」(hakusai-dzuke)。

我在日本超市、傳統市場常看到袋裝的鹽漬白菜，一般只以鹽及昆布醃製，保留了白菜的原色，青脆爽口，腰瘦好吃，我一次可吃掉一整袋。

我在菜市場看到日本品種的

這是日本來的黃金白菜。

黃金白菜，一顆對切賣，一斤才二十五元，我買了試做「白菜漬け」。

我把半顆白菜再對切，抹了鹽後，因為沒有昆布，就以鰹節（柴魚）和昆布的料理包代替，拿出我在海邊撿的石頭公來重壓，放置冰箱三天。

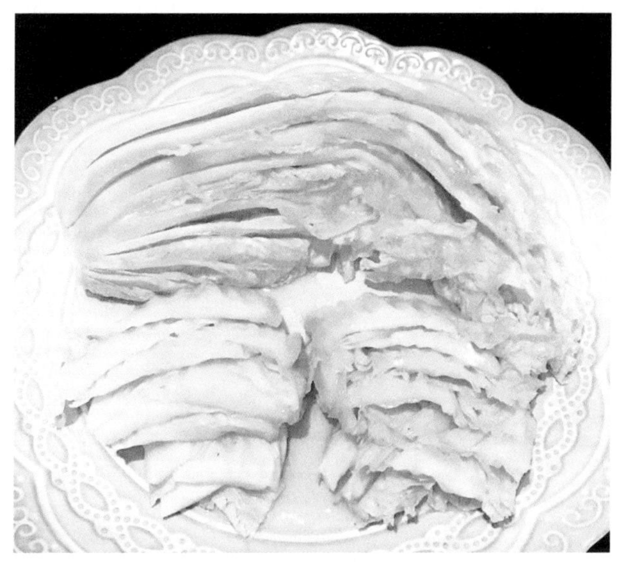

白菜對半切，再切小塊一點，抹鹽。

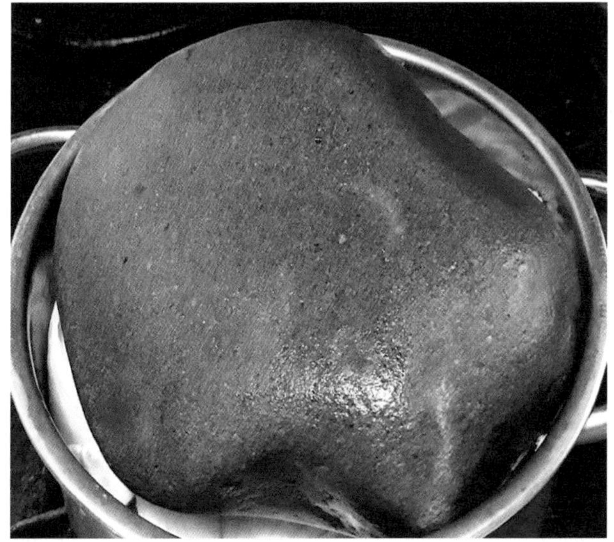

用石頭重壓，冰三天。

拿出切了試吃，果然是腰瘦級的！咦？為什麼我每次試做料理都會成功？白菜最外面的較粗綠葉，我沒有浪費，正好用來炒飯，這盤高粱香腸白菜蛋炒飯，腰瘦好吃。

剩下的白菜就用來炒飯吧！

漬蘿蔔

我在菜市場看到淡黃的漬蘿蔔，為其美色傾倒，一小包賣六十元，即使頭家娘可能忘了沒叫我帥哥，我也馬上掏錢。

頭家娘跟我說，這是宜蘭菜頭做的，「二砂」（蔗糖）的顏色。回家打開試吃，蘿蔔看來是以滾刀切成不規則的小塊，只以鹽及糖醃製而成，單純美味，腰瘦好吃。

基隆與宜蘭自古關係密切，基隆菜市場一直有當天清晨從宜蘭運來販售的農產品，以及煙燻的食物等，很多看貨色就能辨識，價格也較貴。

如何DIY?我會找一天試做，我猜想快速做法如下：

1、蘿蔔以滾刀切成小塊，下鹽抓一抓（不要太鹹），裝入布袋，以石頭重壓，放冰箱一兩天出水。

2、打開布袋，把蘿蔔塊擰乾，下二砂抓一抓，等一小時後入味、上色即成。

洋蔥的配菜

今天灰熊冷，因為人體熱能大都從頭部、頸部流失，所以最好戴帽、圍巾。

我在碼頭工作，海風愈大，肚子愈餓。

冰箱裡上個月買的三個進口洋蔥，發現有一個爛了，決定馬上把剩下的兩個吃掉。

為了搭配洋蔥，拿出冷凍珍藏的北海道生食級干貝、美國嫩肩牛排。

以台式傳統鐵鍋，油熱之後，先煎干貝，再煎牛排，剩油炒洋蔥，十分鐘內一氣呵成。

為了洋蔥，高級干貝、牛排都上桌啦！

新鮮干貝不需其他調味就很好吃。

煎好嫩肩牛排也難不倒我。

干貝、牛排調以西班牙 IBIZA 天然海鹽、小磨坊黑胡椒，腰瘦好吃。因為肉類、蔬菜多，這餐沒有澱粉，變成「生酮飲食」，不胖不胖！

涼拌高麗菜心（簡易版）

前幾天寫了一篇涼拌白菜心，竟然有一千兩百多讚，一百多分享，可見大家對簡易開胃美食很有興趣，所以我剛才又試做涼拌高麗菜心，也是腰瘦好吃。

高麗菜源自歐洲，西班牙語 col，就是台語「高麗」（ko-lê）的由來。高麗菜是溫帶蔬菜，所以在台灣要冬天才好吃又便宜。

高麗菜在歐美大都生吃，我第一次吃是美國的 coleslaw，就是把高麗菜切碎做的涼拌沙拉。後來，我吃日本炸豬排，高麗菜絲無限供應。

台灣人冬天愛吃薑母鴨，並發明加入高麗菜的煮法，我覺得麻油雞加高麗菜煮也很好吃，最嫩的高麗菜心則可用來涼拌。

●高麗菜心：洗一下，切條狀。

●燻豆包：解凍，切條狀。（基隆信義市場三塊五十元，七塊一百元，吃不完可冷凍）

●燻雞：肉和皮撕成條狀。（不加也無妨）

●紅綠配料：青蔥、紅辣椒切絲。

●調味料：鹽、味素、麻油、烏醋、醬油膏、白胡椒粉。

加入燻豆包和燻雞，香氣無可比擬。

番薯糜・菜脯蛋

我是煮飯工作者，有什麼煮什麼，想吃什麼煮什麼。

我買菜很隨和，看到攤主店家認真推薦，我就會買。前幾天在路上跟推車阿伯買了一斤五十元的清水番薯，又在市場跟賣蛋阿伯買了一斤五十元的小土雞蛋，都是高級貨。

今天想說番薯不要放太久，就來煮一鍋古早味番薯糜。既然懷舊，就想再煮菜脯蛋來配糜。

腰瘦！沒有蘿蔔乾。幸好冰箱裡有一條蘿蔔，我帶皮切下幾片，洗了後再切丁，

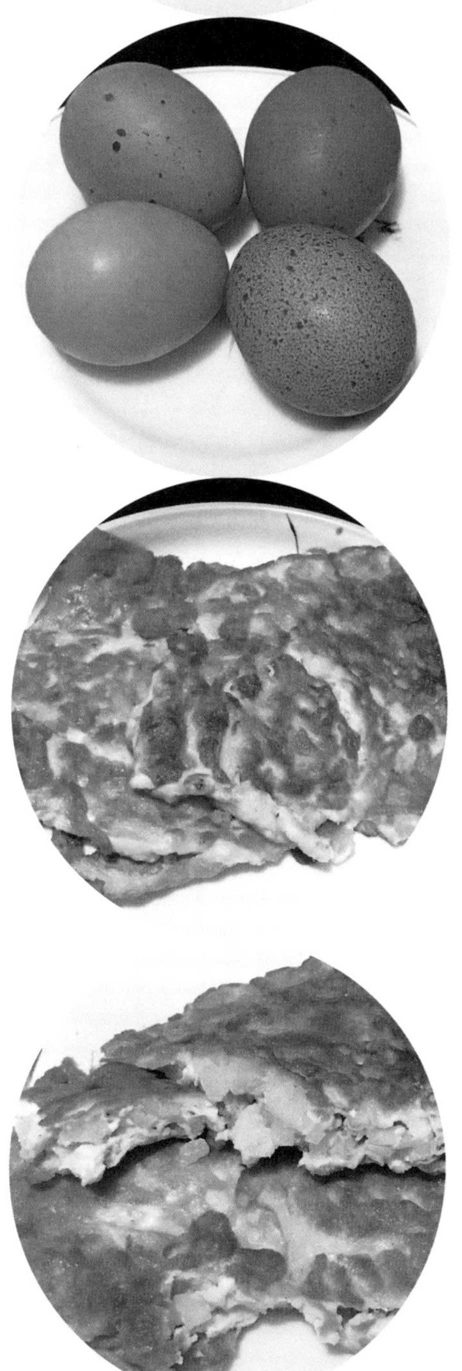

然後用岩鹽醃十分鐘，把水擠掉，充當菜脯。

如此，食番薯糜配菜脯蛋，一頓讓時光倒流的美味晚餐。

櫻蝦白菜台灣味

幾天前買一粒「山東白仔」，早上想到：外層已經煮湯，中層可以清炒，菜心再來涼拌。

計畫妥當，就開始進行一個炒菜的動作。常見爆蝦乾炒白菜非常好吃，我有櫻花蝦乾一定更妙。

蝦乾一般指晒乾（去頭剝殼）的蝦仁，也稱蝦米，台語稱品質好者為金鉤蝦。台灣櫻花蝦體型幼小，可整尾晒乾，乾淨又美觀，色香味俱全。

蝦乾炒白菜是一道名菜，常見寫成「開陽白菜」，說蝦可補陽故稱「開陽」。但中文字典說正字是「開洋」，乃江浙吳語。那麼何謂「開洋」，如果不識其母語，就不要望文生義了。

我以少油小火稍爆櫻花蝦乾即撈起，再下蒜頭、白菜翻炒，調味並加水燜煮一下，保留白菜脆度，腰瘦好吃。

櫻花蝦的香氣完全融入白菜，腰瘦好吃。

桂圓米糕

即使是首次嘗試，想必會成功！

昨天下午去新昆明醫院打第三劑疫苗，只提供BNT，但我猜應該會跟我前兩劑AZ一樣無感，所以路過義一路七十號無招牌傳統米店時，買了糯米，準備今天下午煮「桂圓米糕」慶祝。

這家五十多年老店，頭家娘知道我是第一次「炊米糕」，就說先買

「半斤圓糯米」二十元試試，洗米泡軟之後，把水倒光，加「半瓶紅標米酒」，電鍋煮熟後再加糖攪拌即成。

我說要加龍眼乾，我有南投中寮的「龍眼木窯燒煙燻龍眼乾」，頭家娘說龍眼乾先用米酒泡軟，再與米一起煮。

今天午後，打疫苗約二十四小時，果然無任何不適，就來慶功吧！我一煮即成，趁熱加入白細砂糖攪拌，約有三～四碗的量。

我用一個眼睛看就知道腰瘦好吃！（按：二〇二二年一月十二日撰文）

紅糟麻油雞酒

紅糟加麻油，雙重好吃。

今天煮自願居家隔離餐，試做：紅糟雞＋麻油雞酒，變成紅色的麻油雞，灰熊好看，腰瘦好吃。

買一支仿仔雞的大雞腿，挑「雞鵤仔」（ke-kak-á），即公雞，腿大支、肉結實而少油。

以黑麻油爆老薑、紅糟，再下雞腿塊炒過，然後倒入一瓶紅標米酒，不加水，煮滾時在上面點火，讓酒精燃燒一陣直到熄滅，加砂糖及鹽調味即成。

紅標米酒的酒精度十九．五，在常溫下無法點燃，但煮滾時會燃燒，直到酒精揮發殆盡。

紅糟是紅麴酒過濾的渣滓，可天然增色並散發酒香。

紅麴酒是以紅麴、糯米製成的釀造酒，紅標米酒則是以蓬萊米（粳米）的蒸餾酒、甘蔗糖蜜酒精調合而成。

台灣在日本統治的一九三〇年代，開始機械化大量生產台灣米酒，最早有三種，依酒精度以號碼區分，後來改以顏色稱之赤標、金標、銀標米酒。

日文漢字稱紅為「赤」，日本時代的赤標米酒（酒精度二〇），就是現今紅標米酒的前身。（按：二〇二一年一月二十日撰文）

干貝雞湯

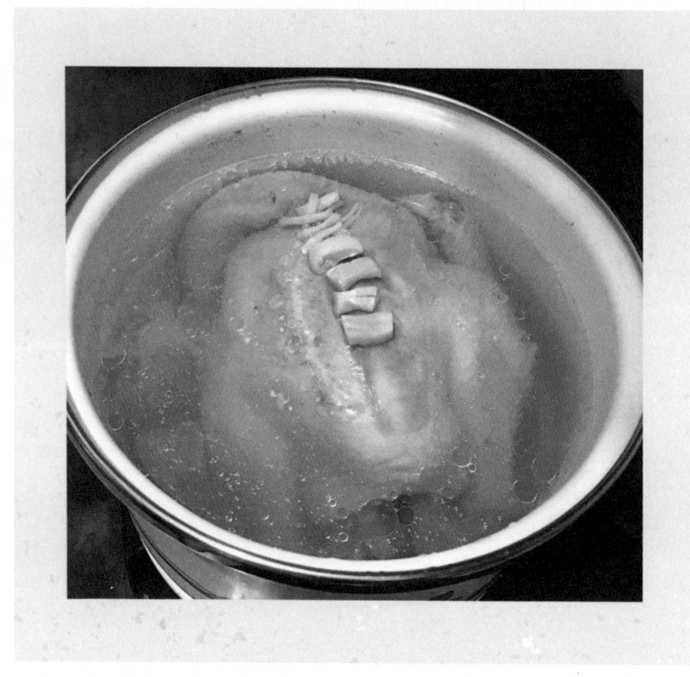

即使是首次嘗試，想必會成功！

我每年回父母家過年，都帶一道湯去，今年決定做兩道，今天先送去一道「干貝雞湯」暖身。

這湯不難做，找一個與雞貼身的鍋子，但加水要能淹過全雞，這樣才不會因太多湯而稀釋原味。

放入三個先泡軟的北海道干貝，用小火燉五個小時再燜一陣即成，腰瘦好吃！

我的問題是：煮燜半天

都沒看到干貝浮上雞湯，只好撈一些放在雞上拍個照，不然看不出是干貝雞湯。

我查不到答案，有人說干貝本來就不會浮上湯面。

我想大概也是，干貝本來住在水底。

對了，重點是我使用「桂丁雞」，說是台灣雞農研發新品種並採放養的土雞，數量還不多。我去年在全聯買過一次，真的很不錯，但後來就沒再看到，昨天看到馬上就買，一隻（一．六～一．八公斤）兩百八十八元。

我今年正式的年湯，想用鴨賞煮湯（「賞」音 siúnn，正字是「鯗」）。我前天在買菜時講了一下，馬上被肉攤和魚攤頭家娘譏笑：「沒聽過用鴨賞煮湯的！」

我問為什麼？她們說太鹹！我說煮湯就不會鹹了。其實她們說不出好理由，最後說「無彩」（bô-tshái），就是可惜、浪費的意思。

嘿！就算浪費，一年一次又何妨？

其實，多年前我曾把吃不完的鴨賞煮蘿蔔湯，非常美味。

我已買了整隻的宜蘭去骨鴨賞（可惜買不到帶骨的），外加一塊宜蘭臘肉，我想煮成「燻鴨臘肉白菜湯」，可謂「宜蘭湯」，等我改天做好再分享。

自製烏魚子

基隆不是烏魚產地，但在冬季偶爾捕獲離群的野生烏魚，體型較小，有的肚內還有卵。（釣魚達人在留言欄說可能是台灣沿岸烏魚）

兩個月前，我在市場買到一尾，約一斤半賣一百三十元，很幸運還有卵。

我把魚頭煮湯，魚

魚身紅燒蒜苗。

跟我一起做做看烏魚子吧！

身煮紅燒蒜苗，魚卵抹薄鹽、稍壓平後，放冰箱風乾，想不到一個月後烏魚子就做成了！

今天晚上圍爐大餐，早上起來，決定先吃我自製的野生烏魚子開胃。

我拿出蘇格蘭威士忌Glenmorangie Lasanta PX，單一純麥十二年，酒精度百分之四十三，一瓶八百九十九元。我三年前在橡木桶買的，卻很少喝，剛好拿來浸烏魚子。

一般都用金門高粱浸烏魚子，其實威士忌也很適合，我覺得甚至更好。

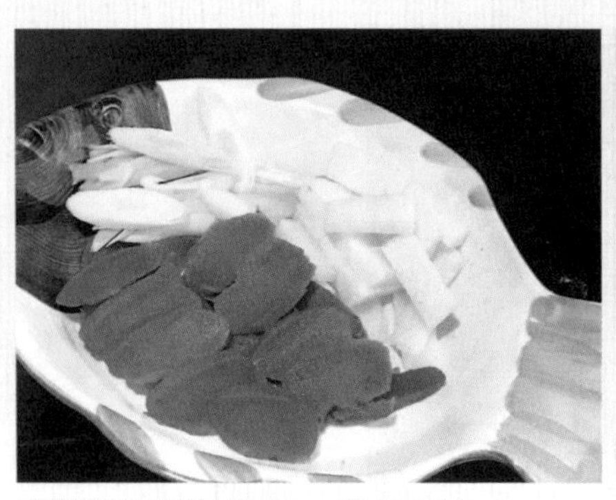

切薄片泡酒後油煎，香氣四溢。

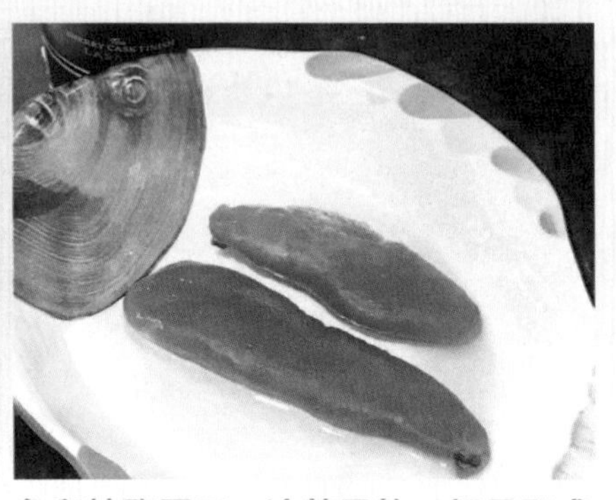

魚卵抹鹽壓平，冷藏風乾一個月即成。

我把在酒中浸軟的烏魚子，以小火油煎，最後淋上酒，烏魚子在酒氣中起鍋。

在等烏魚子涼了再切時，我切了蘿蔔、蒜苗，這是傳統烏魚子的配菜，三者都是台灣冬季盛產。後來有人以水梨、蘋果取代蘿蔔，說有甜味更佳，但我還是喜歡冬季蘿蔔的清甜。

中醫說蘿蔔生食性寒，正好中和燥熱的烏魚子。

此時宜蘭越光米煮好，一片烏魚子配一片蘿蔔、一片蒜苗，下飯正好，灰熊腰瘦好吃。

白鯧米粉（簡易版）

從除夕吃到初三，應該要節制了，就用剩菜來做個白鯧米粉湯吧！

菜料如下：

- 除夕的乾煎白鯧，吃剩的頭尾、邊鰭、中骨。
- 蘿蔔雞湯，把蘿蔔切碎。
- 沒有蝦、蛤等海鮮，就用福州魚丸。
- 拿出冷凍的高級薰豆皮。
- 切些白菜和蒜苗。
- 咦！還有一塊蘿蔔糕。

以上，加水和粗米粉（水粉）一起煮就成了，腰瘦好吃！

還是要吃飽，春節後才有力氣減肥！

白鯧煎後的香氣都融入湯裡了。

鹹檨仔青魚湯

聽說冬天吃酸對身體好，可防止感冒、上火、皮膚乾燥、骨質流失，所以我從冰箱拿出好物，煮了酸魚湯。

酸是以鹽漬青芒果發酵而成的「鹹檨仔青」，魚是虱目魚肚，解凍加薑片煮之。

清乾隆九年至十二年（一七四四～一七四七年）巡臺御史滿人六十七《臺海采風圖》：「番檨……臺產也，切片醃久更美，名曰蓬萊醬。」

日本時代台南文人連橫《臺灣通史》：「檨為臺南時果。未熟之時，削皮漬鹽，可以為羞。或煮生魚，其味酸美，食之強胃……然非臺南人不知此味。」

我半年前煮過一次，但這次才抓到要訣，就是鹹檨仔青要放更多，讓魚湯變成乳白色，酸味十足，腰瘦好吃。

享受之必要——煮飯歐吉桑的生活

桃園三坑・基隆三坑

始於地名，終於包子，人生就是這樣，到處都有趣味和美味。

龍潭導覽協會理事長近年幾次邀我去分享新書，我提到客家粽子好吃，他推薦附近的三坑老街。咦？我想到基隆也有三坑的地名。

今天在冬雨中，我開車前往三坑老街考察，非假日遊客少，又有點冷，只見「阿香菜包」的蒸氣送來溫暖。

去三坑老街嚐嚐菜包吧！

在冷天裡看著這蒸氣裊裊，彷彿整個人都暖了起來。

客家菜包不是素的，最大的特色是外皮是糯米和蓬萊米做的，內餡則是滿滿的蘿蔔（不是蘿蔔乾），裡面有一點碎肉和蝦米。從皮到餡都是軟嫩口感，腰瘦好吃。

這裡賣一個三十元，雖不便宜，但遊客一買幾十個，還要排隊等包子蒸好。店名「阿香」，原來是頭家娘的名字，她正在包菜包。

我當導遊常建議大家，參訪各地的老街，不要只祭自己的五臟廟，一定要去看看當地的老廟。三坑老街的老廟「永福宮」，主祀「三官大帝」（天官、地官、水官），俗稱「三界公」、「三界爺」。

龍潭的三坑是客家聚落，客家語的「坑」指凹陷處或形成的溪流，當地有三條溪流注入大漢溪，故名「三坑」。

基隆的三坑位於舊稱「石硬港」（今南榮河）一帶，那裡在清末就有人私挖煤礦，「坑」指煤礦坑，「三坑」指依順序的第三個礦坑。根據《淡新檔案》記載，清末的石硬港有四個「煤洞」，「煤礦主」是林養兒、陳九、劉三、陳連等人，但這裡離基隆市區近，所以居民以「離街不遠，有礙地脈」提出抗議。

三坑煤礦到了日本時代、戰後初期都在開採。

我以前搭台鐵，基隆站出發的下一站就是八堵站，二〇〇三年在兩站之間增設三坑站。

薑母鴨

台灣人的歲寒三友：麻油雞、薑母鴨、羊肉爐，我最愛鴨，這是老薑（薑母）＋公番鴨（鴨鵤、鴨雄）＋紅標米酒煮成的台灣料理。

十二月八日輔大宗教學系簡鴻模教授請我去分享《艾爾摩沙的瑪利亞》，下午和晚上兩場，傍晚去吃「月明薑母鴨」。果然人稱「輔大之光」，不但食客人潮滾滾，陶甕也大火燒滾滾，麻油鴨油瞬間乳化，濃郁白湯美味極了。

這幾天基隆溼冷，我昨天半夜去外帶薑母鴨鍋底（兩百八十元），加入全聯買的鵪蛋、油豆腐，煮沸後燜一晚。

今天的早午餐，我用鴨湯燙煮高麗菜、高麗菜穎仔（ínn-á），端出一碗居家薑母鴨，暖身暖心，腰瘦好吃。

（按：二〇二一年十二月二十三日撰文）

北埔紅橙

今天回暖到攝氏二十五度，我又在陽台拍了夕陽照，想到冰箱裡的「紅橙」。

這是我幾天前在北埔老街地攤跟一位客家婦人買的橙，外皮彷彿燒焦，但偏紅的果肉甜而多汁，我乃以紅名之。

台語有「火燒柑」的說法，外貌雖醜而內在甜美。為何焦皮？可能蟲咬，可能晒黑，其實這是好事，證明沒有農藥、日照充足。

冬天的溫暖黃昏，看夕陽吃紅

回暖的夕陽讓人暖心。

橙，不吟而詩。

＊台灣冬季（十二月～一月）柳橙大出，好吃便宜。

＊泡沫紅茶店的「柳橙綠茶」，少糖，腰瘦好啉（lim）。

下排是紅橙，與上排的一般橙對比。

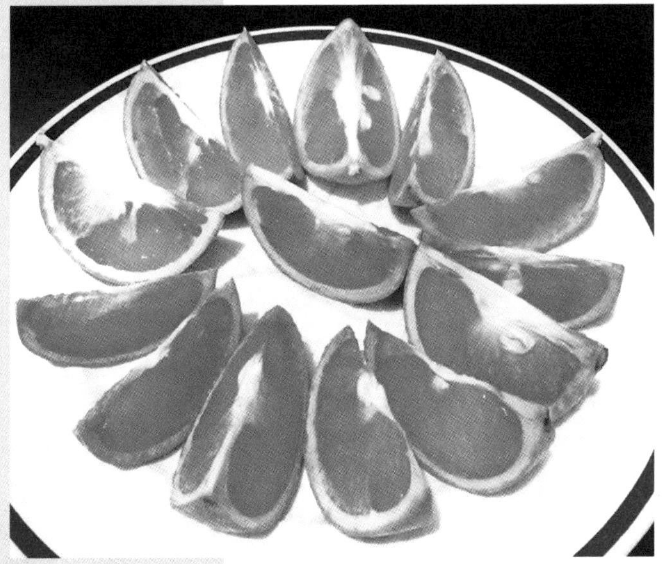

像夕陽般的紅。

酸白菜

我收到台灣綠糧食品科技有限公司創辦人郭先生製造的「益生菌酸白菜」（還有酸菜、酸高麗菜），真空包裝不放冰箱可保存半年，正在推廣中。我上次試煮酸菜，今天試煮酸白菜。

一打開就聞到天然發酵的溫和酸香，顏色偏金黃，很好看的酸白菜。哇！酸度也很強大。

我拿出珍藏的冷凍美國極黑和牛，在酸白菜鍋裡涮一涮，夾一些酸白菜，舀一些酸湯汁，酸白菜腰瘦好吃，牛肉「妖獸」好吃。

我愛辣也愛酸，如果吃鴛鴦火鍋愛選麻辣鍋配酸白菜鍋。中國東北的酸白菜，由滿州人傳入北京，一般與五花肉做酸菜白菜鍋。

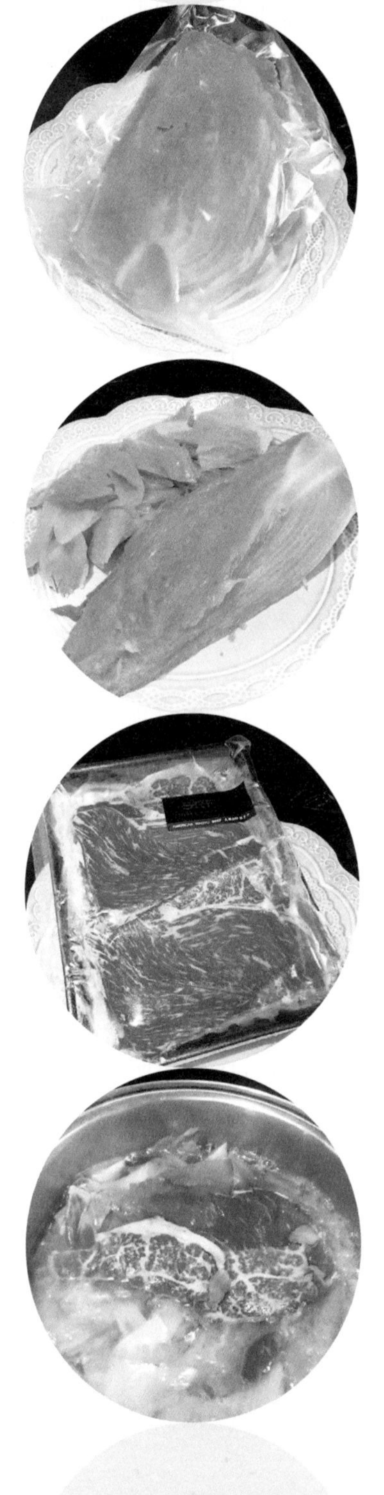

相對於酸菜（鹹菜）使用芥菜，酸白菜和韓國泡菜都是使用山東白菜。台灣市場以前大都是包心白菜，近年山東白菜愈來愈多。山東白菜較大、纖維較粗，耐漬耐煮。包心白菜纖維較細而脆甜，適合清炒，我昨天做的扁魚白菜滷也很讚。

益生菌酸白菜使用日本改良品種的「黃金白菜」，顏色與台灣一般白菜不同，種植在復興鄉海拔一千五百公尺的泰雅族部落。

吃幸福的草莓蛋糕

今天基隆下雨，中午帶我媽外出午餐，兩人一千四百元的套餐，菜色雖多但沒一樣好吃，吃剩的也不想打包，殘念！

嘿！網路說法（宣傳），不可盡信。

回家路上，心中悲憤，想到連珍草莓蛋糕最近上市了，決定去買來撫慰自己。

連珍草莓蛋糕好吃，我是聽台北朋友說的，所以近年常買來當伴手（一盒四百二十～四百五十元），還要裝在保冷袋（一個三十元），但自己卻從未吃過。

今天終於買來自己吃，先切一塊（一盒的四分之一），泡了杉林溪高山紅茶「紅烏龍」

連珍的草莓蛋糕很受歡迎。

大器地切下四分之一享用。

還來不及泡好茶，蛋糕就吃完了！

來配。結果，茶還沒泡好，蛋糕已秒殺，果然灰熊腰瘦好吃。

原來，日劇所說：「要幸福喔！」（幸せになってね！），其實是可以自己創造的！

我想到，很多女生說愛吃草莓蛋糕，大概一次可以吃掉一盒，恐怕還意猶未盡！

＊苗栗縣大湖鄉是台灣最大草莓產地，每年十一月至隔年四月是大湖草莓季節。

聖誕節吃什麼？

西方人愛火雞大餐，我在美國吃過烤全雞，烤火雞肉有點柴，所以醬汁很重要。台灣很多星級酒店都推出內用外帶火雞大餐，但我對嘉義火雞肉飯較有興趣。

日本過陽曆新年，接近聖誕節，所以比台灣有聖誕氣氛，他們吃肯德基炸雞和鮮奶油草莓蛋糕。

昨天下午，在日本的台灣朋友傳草莓蛋糕給我看，我馬上想到基隆連珍的草莓蛋糕。我穿好衣服準備去買，想到先打電話問問，結果說賣完了。我說明天會有嗎？結果說最近草莓產量不多，語意不清。

今天早上我專程去買，看到冰櫃裡沒有草莓蛋糕，灰熊失望，只找到草莓生乳捲兩百五十元，無魚蝦嘛好，我想吃的時候把眼睛閉起來就好。

為什麼日本人聖誕節要吃肯德基炸雞？原來這是自一九七四年才創造的傳統，因西方人在日本吃不到火雞，就去肯德雞買炸雞，觸發肯德基推出「聖誕節就是要吃肯德基」（クリスマスにはケンタッキー）廣告，一個廣告竟然就創造了一個傳統。

クリスマス（Christmas）與ケンタッキー（Kentucky）中間的には（ni wa），在日文上有「如果要～就要～」意思。

這樣的廣告概念，讓我想到二〇〇四年台灣的「這不是肯德基」廣告。

買不到草莓蛋糕，生乳捲也可以。

炸雞什麼時候吃都好吃！

吃炸雞真的很療癒！我也想起二〇〇八年日本電影《送行者》，男主角第一次完成為死者穿壽衣的工作後，葬儀社員工一起吃炸雞的場景。

我吃過最好吃的炸雞是我自己在家炸的，我使用台灣的仿仔雞，並挑選母雞，這樣比肉雞有雞味，口感也不會太硬，腰瘦好吃。

日本人聖誕節吃鮮奶油草莓蛋糕，傳說是一九二二年由日本不二家糕餅店製作迎合日本人口味的西方草莓蛋糕，在聖誕節推出，鮮奶油有如白雪，紅草莓很像聖誕老人的紅衣，成就了百年傳統。

品茶憶友

林富士（台灣歷史學家）生前喜歡來基隆吃水煮原汁豬腳，他說因為他亡父生前常來基隆吃，這是他懷念父親的方法。

如此，我懷念故友，喝他推薦的茶，也能得到慰藉。

二十多年前認識林富士，他就請我喝杉林溪高山烏龍茶，他說是他的學生黃文宏自家種植焙製，他每年都買很多，也常送我。

林富士罹癌化療在家休養期間，我去他家探望，他請我喝杉林溪烏龍茶的新產品：紅烏龍，就是以杉林溪烏龍茶葉製成的重發酵茶，其發酵度介於東方美人茶與紅茶之間，茶湯偏向紅茶，但保有高山烏龍茶氣味。

我說腰瘦好喝，風味不同於日月潭紅玉紅茶，林富士就送我一包，從此我就愛上。

十多年前，紅烏龍起源於台東鹿野，為中低海拔的烏龍茶找到出路，成為台灣新興特色茶。

衫林溪紅烏龍是我最常喝的茶。

後來我都直接找黃文宏買杉林溪烏龍茶、紅烏龍，他說杉林溪紅烏龍特別請台東師傅焙製，價格高於杉林溪烏龍茶。

我覺得林富士去了更好的地方，他生前研究宗教和醫療的諸多疑問，或許都得到了解答，但我少了一位可以隨時詢問知識智慧的亦師亦友，杉林溪紅烏龍成了我最常喝的茶。

置入性行銷？

我常寫美食小吃，最近有一位臉友留言懷疑我置入性行銷。

當時我感到不悅，心想：你懷疑我收錢，也會讓我寫到的店家尷尬吧！於是馬上回他：請不要公然侮辱人。

後來，他私訊道歉並撤文。我說沒事了，但隨即看到已被他解友。

這幾天，我常會想，因為文字看不出語氣，如果他只是唐突，我需不需以生氣回應？

很高興在顏雪花臉書看到她的貼文：「不要提高你的聲音，改善你的論點。如果別人很容易激怒你，那是因為你對自己失去了平衡。」（Don't raise your voice, improve your argument. If another can easily anger you, it is because you are off your balance.）

如果回到當初，我應該談笑回應：哈哈！我沒有，但你認為我寫一篇值多少錢？

坦白說，真的有廠商私訊我，問我合作方式？但我已讀不回，這樣寫臉書就不好玩了。

我寫臉書的目的，正如我在臉書首頁所說：以文字、攝影傳播善知識、普世價值，關注台灣的族群、歷史、文化，從日常的生活窺見鮮活的故事。

我除了與讀者互動，就是隨緣分享每天生活所見，好像回到記者本行報導新聞而已。

多數臉友應該看到，我寫台灣美食小吃大都從歷史文化切入，我也一再說我真的不是美食家。

我說「腰瘦好吃」，分享多於推薦，更像是吃了不胖的安心咒語。

雞籠雨

基隆最近溼冷，我年輕耆老雖然辛苦，但找到煮麻油雞酒的藉口。

我是買菜煮飯工作者，下雨天照常去菜市場，來到雞肉攤，挑一隻仿仔雞的大雞腿，頭家娘說一斤兩百元，這隻稱重三百一十元。我驚呼一聲沒敢喊貴，頭家娘說這隻雞很大，有七斤重。

回家後，拿出正港台灣麻油，切了竹薑，打開一瓶紅標米酒，心血來潮又加了半碗南投中寮「龍眼木窯燒煙燻龍眼乾」。果然，龍眼乾的天然甜讓湯汁變得溫潤，腰瘦好吃。

台灣每年十月至四月吹東北季風，基隆首當其衝。基隆冬天本來多雨，就算一個月不出太陽也

是「基隆人日常」（基隆著名社群網站），基隆台語俚諺說：「雞籠雨，四十九日烏」。

我家老屋漏水要修屋頂，工人說要等連續兩天以上沒雨才能施工，至今已等了兩個月。

基隆台語俚諺說：「雞籠人會閬／躘雨縫」，「閬」、「躘」要解釋一下。

「閬」（làng）是騰出，「閬雨縫」就是趁著雨暫停的空檔做事。

「躘」（nǹg）是鑽，基隆人真的會鑽雨縫？我是不會，我淋雨走路也不快跑，因為前面也在下雨。

所謂「閬／躘雨縫」，我想有兩種解釋：一是把握在雨停的時間搶工作，一是努力在惡劣的環境找出路。

有台北人說，辨別基隆人就看出門總是帶傘。哈哈！我就是出門不愛帶傘的基隆人，如果不是雨太大，我是不用傘的。

我想到一首台語歌〈一支小雨傘〉，其原曲是日本演歌〈雨の中の二人〉，如果兩人不想分開，就淋著雨一起走。

難過時就唱一首〈走在雨中〉（齊豫），分不清這是雨還是淚。

十多年前，旅行美食作家舒國治有一次來基隆考察飲食，記得當時是陳逸華（今聯經出版副總編輯）作陪。舒國治跟我說，基隆人在多雨、狹窄的環境中打拚，必出偉人！

我本想是不是民族救星、世界偉人？後來才領悟，其實辛苦賺錢養家的小人物，就是一個家庭的偉人。

近年來，我看到很多年輕人，他們未曾看過基隆的繁華，只經歷基隆的沒落，卻抱著希望，以歷史、文創在基隆打造未來。

基隆本來就是雨和海的城市，雨和海都是基隆的浪漫。

煎蛋

基隆安瀾橋旁的陳家早點，五點就開門，蔥油餅、餛飩湯很有名，但我今天最想吃的是煎蛋。

頭家、煎餅婦人都換人了，但煎蛋一樣有水準，不過已漲到十五元了。

隔壁桌的中年男子也點煎蛋，但吃法略嫌粗魯，只見他低頭朝向

陳家早點的蔥油餅很受歡迎。

盤子上的煎蛋，嘴巴對準蛋心，用力一吸，蛋黃汁入口。

我只說姿勢不雅，因為我體諒很多人不會吃這種超嫩的煎蛋，用筷子夾常會弄破蛋黃，流到盤子上可惜了，如果再用舌頭去舔就更難看了。

我基隆年輕者老當場示範，先找出桌子上的「白豆油」（鬼女神牌味原液），淋幾滴下去，再用筷子切隔煎蛋邊緣的蛋白，先吃幾片蛋白，最後再小心把蛋黃部位推移到湯匙裡，一口吃進嘴裡，閉起眼睛，慢慢咀嚼，享受其口感和香氣。

台灣人喜歡「煎赤赤」的色香味，所以早有吃煎蛋的傳統，日本時代《臺日大辭典》就收錄「卵包」（nn̄g-pau）一詞，即指煎蛋。不過，早年台灣鴨蛋比雞蛋普遍，所以煎蛋也可能是鴨蛋。（三十年前，我當記者去採訪宜蘭養鴨中心，午餐時被請

我煎蛋會把蛋白對折，包住蛋黃。

吃煎鴨蛋。哇！當時我還不會說腰瘦好吃，但一直記得比煎雞蛋好吃）

台灣的五星級酒店自助早餐，除了提供西方人常吃的水煮蛋，很多也會為台灣人準備煎雞蛋，甚至可以特別請廚房現煎端上來。

台語俚諺說「食飯配滷蛋」，滷肉飯一般配滷蛋，但也有少數店家提供煎蛋，滷肉汁融入黃蛋汁更加美味。

台大附近名店阿英滷肉飯，就是配煎蛋。如果是一碗飯配兩個蛋，先在碗底放兩個煎蛋，再盛白飯、淋滷肉汁，以其很多肥油加膽固醇，吃了會「中風」，再雅化「中瘋滷肉飯」。哇！為飯瘋狂，中風何妨？

台語的「卵包」就是華語的「荷包蛋」，根據教育部國語辭典的解釋：把蛋殼打破，直接放入油鍋中煎熟，因形同荷包（錢包），故名。

這樣的定義很寬鬆，但現在台灣一般煎蛋都是：蛋黃不能戳破，還要半生熟，有「爆漿」的感覺。

我也喜歡吃煎蛋，我的煎法更厚工，不但煎得更赤，還要把蛋白對折包住蛋黃，煎好是半圓形，看起來更像荷包。

以此來看，荷包蛋都是雙面煎，但西方的 fried eggs（煎蛋）大都單面煎，因生蛋面看來鮮亮，稱之 sunny side up，中文譯成「太陽蛋」。

單面煎蛋在日語中則是稱為「目玉焼き」（めだまやき，medamayaki）。

雨港滷肉飯

基隆適不適合辦滷肉飯節？我以基隆年輕耆老、滷肉飯重度愛好者的身分，談一些看法。

二〇二三年初，基隆市政府宣布年底要辦「基隆滷肉飯大胃王比賽」，我心中納悶，「雲林滷肉飯節」已辦了很多年啊！滷肉飯在基隆美食小吃有代表性嗎？大胃王比賽浪費食物好嗎？

後來聯合報記者何定照獲知此事，寫了一篇評論：「大胃王比賽不論就環保、資源分配或健康安全性都一直頗受爭議，在北部縣市中家庭可支配所得墊底的基隆舉辦，更顯萬分諷刺。更何況，滷肉飯真能代表基隆在地小吃？」

最近，此一活動如期舉行，但名稱叫「基隆滷肉飯王者爭霸」，看來已無大胃王活動，而是跟之前「基隆壽司季」一樣由顧客在參賽的店家票選。我個人認為，店家票選活動意義不大，但也是推銷活動。

前幾天，「基隆 Podcast」邀我上節目談基隆滷肉飯，我私下問節目主持人、市府發言人余治明，才知謝國樑市長喜歡滷肉飯，跟我一樣常吃基隆廟口天一香。

雖然滷肉飯不能代表基隆在地小吃，但我覺得基隆滷肉飯攤店的密度相對很高，為什麼呢？我想到兩個原因：

一、基隆早年有很多碼頭工人等勞動界的朋友，吃滷肉飯能夠迅速補充體力，而且價格便宜。

我想起一九九七年訪問「天一香」創始人吳添福的女兒，她回憶當年父親的交代：「看到做工的人來，米飯多裝一些，滷肉汁多淋一些。」

基隆的滷肉飯在幾年前

基隆廟口的滷肉飯選擇真的不少。

還是一碗十五元，今年雖已漲到二十～二十五元，但相對還是比其他縣市便宜。我曾問天一香第三代吳堃隆的看法，他說基隆很多滷肉飯攤店，競爭激烈不好漲價。二、基隆因東北季風天氣溼冷，吃滷肉飯配焢湯最快獲得熱量，多數店家至今保有免費加湯的傳統。

在受訪中，我談到基隆滷肉飯有醬甜、鹹香兩大門派，以奠濟宮（開漳聖王廟）廟埕兩旁的兩家店為祖店，第三十一號攤「天一香」及隔壁第二十九號攤是醬甜派之祖，第十九號攤「光復肉焢」是鹹香派之祖。

我也提及基隆廟口第二十二號攤的滷肉飯，其滷汁有滷豬腳的基底，相當特別。另外我也談到基隆廟口第二十七之一號攤的「羊肉滷飯」（一九九五年創立），全台少見；以及基隆特有的「紅糟滷肉飯」，但現已少見。

主持人問我滷肉飯的吃法，要不要攪拌？

我想起二〇二〇年的社會新聞標題：夫妻失和鬧離婚，滷肉飯該不該攪拌再吃竟成導火線。

人妻指控：丈夫不但常藉生活瑣事罵她，還強迫她做一些不想做的事，例如吃滷肉飯一定要攪拌。

丈夫坦言：因為她經常只吃淋有肉臊的上層部分，怕浪費才善意提醒她拌勻再吃。

我認為吃滷肉飯不要攪拌，原因如下：

一、飯碗：正宗滷肉飯的碗是淺碗，而且滷汁要淋得夠多，滲透白飯直到碗底，這樣才不會有上層肉燥、下層白飯的情形。

二、美學：滷肉飯端出來是皮、脂、肉蓋在飯上，油亮好看，吃時應該保持這樣的美觀，直到最後一口，有如喝拉花的拿鐵咖啡。

結論：只要請店家多淋一些滷汁，在基隆廟口的術語是：「淋較澹（tâm）咧！」就不必離婚了，

最後補一句「腰瘦好吃」！

胡椒滷肉飯

我愛滷肉飯，從孩童吃到年輕耆老，沒聽說要撒胡椒粉。

上個月，我與基隆市議員張之豪在咖啡廳聊天，才聽他說起，很多人吃天一香滷肉飯都會撒胡椒粉，並已成為一派吃法。

原來，天一香的桌上都會擺胡椒粉及烏醋，食客坐上去，首先看到滷肉飯端上來，拿起胡椒罐就撒下去，

九十五元的腰瘦好吃。

有人還會淋些烏醋。其實，烏醋、胡椒粉本來是肉羹專用。

怎麼會這樣？張之豪提出一種解釋：胡椒粉的品質很好，因為來自他親戚在基隆廟口開的老中藥行。

我想，基隆廟口攤店的烏醋也很好吃，因為都使用老牌的「紙包醋」。

昨天傍晚，我特地去大一香試吃「胡椒滷肉飯」，先撒一些吃看看，雖然毫無違和感，但也覺得沒有必要性。

不過，如果多撒胡椒粉，整碗滷肉飯就要先攪拌再吃，而我反對攪拌，因為違反美學，就像我不會去攪拌拉花的拿鐵。

最近這波漲價，天一香滷肉飯變二十五元，滷鴨蛋竟然漲到二十元，肉羹維持五十元，九十五元的腰瘦好吃。

天一香肉焿可免費加湯，冬天建議坐第一排，掌攤者會主動加湯，一次兩次，加到我說夠了。

很多人不知道天一香滷肉飯可點半碗，現在半碗十五元。如果想讓胃留點空間吃別的東西，點半碗是好主意。

味自慢肥腸串

今天下午很榮幸在台大台灣文學研究所分享《艾爾摩沙的瑪利亞》，謝謝楊雅儒教授邀請，讓我重新整理寫作的心路歷程。

在現場很高興看到日本作家栖來光，她還送我京都咖啡。

很意外看到台師大台灣語文學系博士生杜慶承，去年林芳玫教授邀請我去班上分享，第一次遇見他，想不到他今天

「味自慢」也是我喜歡的店家。

這道肥腸串又香又脆，腰瘦好吃！

又來。他還拿簽名書給我看，原來去年和今年都是十二月九日同一天。

分享結束後，楊雅儒教授請喝咖啡並訪問我，她明年要去美國波士頓參加美國亞洲學會（AAS）的年會，她計畫在年會上報告的內容，我的小說是其中一部分。

訪談結束，就近在景美味自慢居酒屋晚餐，老闆娘和美食一樣讓人愉悅。

特別推薦肥腸串一百三十元（三串），老闆娘先把大腸滷過，親手刮掉腸內肥油，現烤上桌，腰瘦好吃。

冬至的晚餐

今天入冬最冷，基隆攝氏九~十四度，因下雨而溼冷，本不想出門，但想到今年還沒吃烏魚。

烏魚最有價值的部位是母魚的卵巢，可鹽漬、晒乾做成「烏魚子」(oo-hî-tsí)。公魚的精囊則稱之「烏魚鰾」(oo-hî-piō)，一般直接生煮，也是高貴的食材。

烏魚取出卵巢、精囊後，稱之「烏魚殼」(oo-hî-khak)，

烏魚頭、身、卵、精囊都能吃。

物美價廉，成為很多人童年的美食回憶。

有一句台語俚諺：「冬節烏，較肥豬腳箍」，冬至的烏魚比豬腳肥美。還有一句「鹹水烏，較贏雞肉箍」，海烏比雞肉更好吃。

但台灣現在大都養殖烏魚，聽說今年產量減少，烏魚殼價格比往年貴。魚攤婦人跟我說，產季差不多要結束了。我看他殺價一斤八十元，我挑一尾較小的，秤重一百五十元。

我以前都煮紅燒蒜苗烏魚，或是烏魚米粉，今天決定試煮麻油烏魚。

我先以少油稍爆薑片，再把魚塊煎赤赤，然後倒入麻油，再加米酒煮之，最後加水及調味即成。湯汁鮮美，魚肉細嫩，腰瘦好吃。

鹹豆漿

早起去菜市場，路過周家蔥油餅，看到牆上價目表有鹹豆漿，就走了進來。

蔥油餅漲到二十元，鹹豆漿也是二十元，我以為看錯。沒錯，只要四十元，就是我基隆年輕耆老的幸福早餐。

周家蔥油餅太有名不用說，鹹豆漿因便宜而內容物比較簡單，但基本的油條、榨菜都有，也是腰瘦好吃。

台灣的早餐鹹豆漿，近年在

早餐吃鹹豆漿，飽足幸福。

日本走紅。早在約十五年前，我就發現日本人很喜歡鹹豆漿。

那年，曹天晴的三位日本朋友來訪，我開車帶他們在北台灣走走。他們住台北喜來登，第一天的早餐安排附近的阜杭豆漿，因排隊實在太長，就改到不遠處的永和豆漿。

點了鹹豆漿，他們說很好吃，並開始討論豆漿裡的蛋白質為什麼會凝聚？加鹽、加酸都有人講。

我後來查到原理，簡單來說：豆漿加熱，表面會形成薄膜即「豆皮」，如加鹽滷或石膏再壓出水分就成「豆腐」，如加醋經攪拌就成「鹹豆漿」。

在日本受歡迎的「鹹豆漿」，日文漢字直接引用，日文假名則音譯華語稱之シエントウチアン（shientouchian）。台灣人在大阪開的wanna manna台灣早餐和台日夫妻在東京開的「東京豆漿生活」都有提供鹹豆漿。

買米

我是買菜煮飯工作者，所以不是「食米毋知米價」的人。

我都在傳統米店買米，常去的兩家都是老人家顧店，跟他們邊買邊聊可得知米的知識。

我每次都買三斤，放冰箱冷藏可保鮮。台灣中等以上的米，一斤三十～四十元，其實非常便宜，一斤米約四．二個電鍋量杯，可煮八．四碗飯，一碗飯才約四元。

我這次買「台稉九號」粳米（蓬萊米），當期稻作的新米，一斤三十四元。老頭家跟我說，由於南部缺水，所以新米含水量減少，電鍋煮飯本來米水比一比一，現在要改成一比一．二。

老頭家還說，由於休耕，所以米將漲價。

我依指示煮好米飯，拿出綠糧行郭先生送我的「劉媽媽好滋味酸菜」罐，夾了幾塊在熱飯上，腰瘦好吃，人生美好。

米水比例必須搭配當年稻作的米含水量。

好吃的米配好吃的酸菜，加倍好吃！

挑魚

公視台語台新節目「文學跳曼波」的基隆專題，今天拍攝的主題之一是我寫的《一午二紅沙，三鯧四馬鮫：台灣海產的身世》。

我早上帶十人製作團隊去仁愛市場買魚，中午找和平島觀光漁市的餐廳代客烹煮，除了拍攝精采影像，也共享海魚大餐。

感謝大家一起拍攝公視節目。

我跟主持人在魚攤前談台灣傳統十大好魚排行榜：「一午二紅沙，三鯧四馬鮫，五鮸六嘉鱲，七赤鯮八馬頭，九春子十烏喉」，並引用「盤仔（puânn-á）假赤鯮」俚諺來說明如何分辨這兩種魚？

我挑了一尾大的紅馬頭魚、一尾大的白馬頭魚、三尾中的赤鯮，以及五尾目孔（ba̍k-khóng），交給阿本餐廳料理，感謝頭家娘全力配合從廚房到餐桌的拍攝。

依總舖師意見，紅馬頭魚肉很細膩用煎的，白馬頭魚肉稍結實用蒸的，赤鯮則用烤的，目孔煮薑絲湯，每道菜烹飪費兩百元。

頭家娘贈送韓式泡菜、炒番薯葉，我們加點炒海菜、炒山蘇，以及燙小卷、烤鹹豬肉、炒麵、炒飯等。

腰瘦好吃，皆大歡喜。（按：二〇二三年十二月二十七日撰文）

文蛤

從台灣文蛤最大產地雲林台西採收直送基隆的人情，加乘上等活文蛤的美味，當然不是腰瘦好吃所能形容。

故友林富士過世一年半，我常有機會經由美食來懷念他。林富士的兄長在台西家鄉養殖文蛤，今年過年前最後採收，說一定要送一些給我，由林富士的姪女林雅蘭開車送來基隆。

結果我拿到六斤大文蛤，還有一大罐醬油醃漬的鹹文蛤。送者很是貼心，活文蛤已經吐沙，說放冰箱冷藏可以吃到過年。

我拿出十粒，清洗一下，以薑絲、米酒煮湯，十分鮮甜。鹹文蛤更是驚奇，對比於鹹蜆，其肉肥大，其味極鮮，還有脆感，我希望以後能常吃到。

林富士在台西的鄉下出生長大，念到台大歷史系學士、碩士，再取得美國普林斯頓大學博士，進入中研院史語所，已是人生上進的典範。

新鮮文蛤煮清湯就好好吃。

他曾跟我說，他小時候村子裡沒有醫生，民眾生病通常求助童乩，他還有幾位親戚是童乩，這是他研究靈媒、宗教與醫療的動機，讓人感佩。

他罹癌病苦三年，仍盡力做好人生功課，想必也從容體驗往生之路。

我常想，他在人間許多研究疑問，應該在天上已經得到解答，他會很高興。

（按：二〇二三年一月十七日撰文）

黑喉

曹天晴每回都從日本帶給我食品，這次的亮點是魚味之鹽，說加水即魚湯。

她說有很多魚種的鹽，她選的是日本人眼中超高級的「喉黑」（ノドグロ，nodoguro），見下圖包裝文字，此魚的日文正式名稱是「赤鯥」（アカムツ，akamutsu）。

此魚紅色、多脂，故稱「赤鯥」（アカ是紅，ムツ乃脂肪），但其喉嚨黑色，故稱「喉黑」。

台灣有一種石首魚以喉嚨黑色稱「烏喉（台語音 oo-âu），華語寫成「黑喉」。

台灣的烏喉／黑喉，日本的喉黑，雖然都是

好魚，但根本是不同科的魚種。日本的喉黑在台灣叫「紅喉」（或紅加網），其喉嚨並非紅色卻稱紅喉，我不知命名由來，或許以其外型很像故以紅喉對比於烏喉？

我在宜蘭吃過兩次紅喉，體型很小，店家都以燒烤，腰瘦好吃。

喉黑是深海魚，產量不多，其肉質細緻、油脂豐富，日本有專賣喉黑料理的店，每尾三十～四十公分，價格昂貴。

燒烤紅喉（喉黑）腰瘦好吃。

鱈魚肝罐頭

煙燻鱈魚肝在許多居酒屋都能看到。

我不是要推薦鱈魚肝罐頭，卻好奇此一罐頭在台灣化為日式涼拌小菜，已經有幾十年的歷史了。

這罐以OFFICER為商標的鱈魚肝，法文大字寫著FOIE DE MORUE，另外FUMÉ是煙燻之意，英文小字是Smoked Cod Liver。罐頭背面進口商的中文譯名是「煙燻鱈魚嫩肝」，原產地冰島，在丹麥加工製造。

在台灣稱之「老船長」鱈魚肝罐頭，我看在賣場、網路很容易買到，最近價格在八十～一百元之間。

台灣的小型日本料理店、居酒屋常見這道小菜，大都在鱈魚肝下面鋪洋蔥絲、小黃瓜片，再淋上自調醬汁。我在想，這道號稱日式小菜，是不是台灣人發明的？因為我在日本並未看到。（有臉友留言，說有日本人認為這是台式料理）

我日前在基隆舊委託行區的日本進口食品商店買了幾罐，我就簡單加了蒜苗，沒有再調味，也是腰瘦好吃。

我看網路對鱈魚肝罐頭推薦頗多，其肝其油都很營養，並富含omega-3多元不飽和脂肪酸。

但我還是特別詢問臉友洪建德醫師，他也是德風食育人文學園版主。他說沒有食安問題，我才寫了這篇文章。

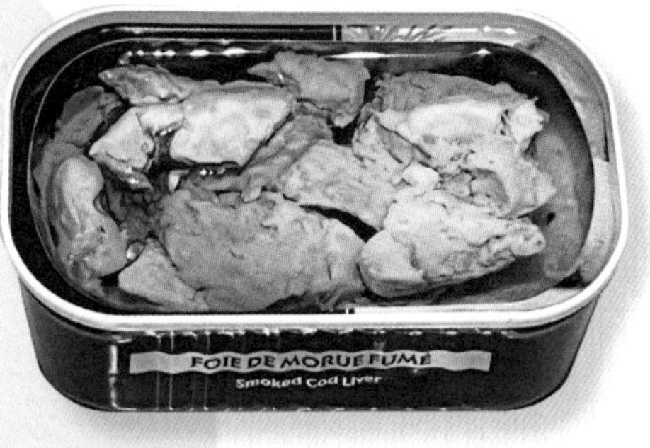

椰漿飯・國家認同

跟台灣一樣，馬來西亞國內也有嚴重的「國家認同」問題。我認識幾位馬來西亞華人，大都說自己是馬來西亞人，但也有說自己是中國人。

馬來西亞華人創作歌手黃明志（Namewee），昨天（二〇二二年一月五日）在他的YouTube頻道「Namewee Tokok」談Racists In Malaysia（馬來西亞的種族主義者），值得一看。

Tokok是馬來西亞式英語（Manglish），talk和cock兩個英文單字的組合，cock本意是公雞，俚語變陽具，中文男性生

我很喜歡的椰漿飯和白咖啡。

殖器叫「鳥」（同屌），所以 talk cock 可直譯「講鳥話」，黃明志自嘲講幹話、沒有意義的話。

黃明志在二〇一一年以自導自演的電影《辣死你媽》成名，片名來自馬來西亞庶民美食椰漿飯（nasi lemak）的中文音譯，主旨在倡導馬來西亞國民團結。

幾年前我在吉隆坡吃過椰漿飯配白咖啡套餐，白飯及配菜簡單，但 sambal 辣醬是有複雜味道的文化產物，腰瘦好吃。

我關心政治，但自認欠缺論述能力而很少談論政治。然而，我相信民主是普世價值，民主制度才能真正保障人民，民族主義如果不是用來號召抵禦外侮，則常成為專制政權的政治工具。

每個人都有政治意識形態，表現在自己傾向的政黨、政治主張。但我認為，一個人的中心思想，應該建立在政治意識形態之上，放諸四海、古今皆準的普世價值，例如自由、平等、人權、民主等。

我跟我的馬來西亞朋友說：Namewee is an interesting, talented and thoughtful singer, we don't have such a great singer in Taiwan.

青花筍

冬天的綠花椰菜（青花菜）、芥蘭菜便宜好吃，我最近才發現有兩者雜交的品種，其青花似綠花椰，其長梗如芥蘭、梗心脆嫩彷彿蘆筍，故稱「青花筍」。

在基隆信義市場宜蘭阿城的攤店，我首次遇見青花筍，有時買到長梗底部連在一起的母株（筍母），有時買到各自獨立的一梗一花，價格雖貴（一斤一百元），但「輕秤」（khin-tshìn），值得嘗鮮。

對比綠花椰菜，頭家娘阿芬說，青花筍較柔軟而甘甜。

我買回家簡單炒之，口感極佳，腰瘦

青花筍清炒的清甜腰瘦好吃。

好吃。

此菜是日本公司研發品種，在墨西哥農場大量種植銷售，最早以綠花椰菜的英文名broccoli稱之broccolini，後來又稱stick broccoli、stick senor（senor是西班牙語先生的意思）。

在日本，大都音譯稱之スティックセニョール（sutikkusenyōru）。

青花筍之二

我前幾天介紹青花菜（broccoli）、芥蘭菜雜交的新品種「青花筍」（broccolini），有三千多讚，希望大家都有機會吃到。

我都是在基隆信義市場宜蘭阿城的攤店看到買的，上次剛好同時賣青花筍、芥蘭菜，我就想拍照對比，頭家娘阿芬還拿著讓我拍。

左邊是芥蘭菜，右邊是青花筍。

請看！就像是一根芥蘭菜的梗，長出一朵青花菜的花，其花苞顆粒較青花菜大，其長梗比芥蘭菜不苦而甜，梗心脆嫩如蘆筍，故名青花筍，腰瘦好吃。

青花筍母株茁壯後，側芽會繼續成長，可連續採收二至三個月，但一次只能割一枝，相對耗工，加上重量很輕，所以定價較高，一斤賣到一百元。

目前台灣青花筍產量少，故市場不常見。阿城說，附近的餐廳會買去做辦桌菜。

青花筍的梗比較長，也比青花菜的口感脆嫩。

隔開餐

蘿蔔糕煮湯，清爽好吃。

台灣童謠唱：初一早，初二早，初三睏甲飽，初四接神，初五隔開……

今天初四「接神」，這是相對去年農曆十二月二十四日「送神」。諸神回天庭向玉皇大帝述職，還是要再來民間上班。

今天有很多民眾跑去迎財神，而我對財神廟沒有好感。多年前，有間財神廟開張，我和家人路過就去參觀，門口一份香燭要價三百元，我說信眾才是財神廟的財神。

明天初五隔開，就是要跟過年吃喝玩樂的幾天隔開，開始工作，但今年台灣初六才上班。

我提前從初四晚餐隔開，把剩下的蘿蔔糕拿來煮湯，再把之前醃的蘿蔔皮，拿來與燻豆皮炒成一盤小菜，其實也是有點腰瘦好吃！

（按：二〇一七年一月三十一日撰文）

蘿蔔皮炒燻豆皮，當作小配菜。

壽桃

雖說聞香下馬，我也常被色誘。

專程去連珍餅店想買草莓蛋糕，結果說初九以後才會開賣，殘念！

回頭向冷藏櫃掃描，看到一袋有白與粉紅，我睜眼即被吸睛。

我知道是「麵龜」（mī-ku）之類，挑了紅豆沙口味，回家炊膨膨（phòng），現出一抹粉紅。哇！情人之吻。

我才想起這叫「麵桃」（mī-thô），也稱「壽桃」，我趁熱吃，順便祝我生日快樂。

其實我不過生日，在臉書也不顯示出生日期。不過，我近年每晚睡前聽莫札特安魂曲，一覺醒來有如死去活來，說天天生日亦無妨也。

差點忘了說腰瘦好吃，不然會被臉友質疑，為什麼這篇沒說？

＊美學的力量：用碗壓一下，再噴上色素，就超越豆沙包的層次了。

美食之必要——冬季私房口袋名單

小峨嵋川菜館

日日餐餐為台灣飲食研究奔波的胡川安教授，今天中午來基隆考察，由我基隆年輕者老帶路。

他探討的主題是「台灣川菜發展史：以基隆小峨嵋川菜館為例」，並邀請台大台文所教授楊雅儒、日本作家栖來光擔任特聘研究助理。

基隆小峨嵋川菜館（一九五六年創立）是基隆人都知道的美味不貴餐廳，共有兩百

每道菜都腰瘦好吃。

若是宮保雞丁更好吃。

清炒大豆苗光看就覺得十分清脆。

道的菜單，我參與討論後，決定點以下的菜：

小菜：花生、小黃瓜。豆瓣鯉魚、樟茶鴨、宮保蝦仁（雞丁較好）、五更牛腩、蒜泥白肉、清炒大豆苗、乾煸四季豆、酸菜肚片湯、炸銀絲卷。

在台灣，川菜跟其他菜系一樣都會在地化，可稱「台式川菜」。

多年前台灣曾流行川菜，豆瓣鯉魚是其中名菜，基隆小峨嵋川菜館還保留老派煮法，魚大而有魚卵或白子，成為鎮店招牌。

結論：我只會說腰瘦好吃，其他請看胡教授的論文或專書。

飯後，風雨微微，帶客人去望海看魚喝咖啡。

黃家麥克麵線

基隆溼冷的冬天，上好麵線燒燒一碗來。

我喜歡三沙灣的老店黃家麥克麵線（四十五元），以「魚漿包大腸」的嚼感，「魚酥」的香脆，展現基隆魚漿重鎮的特色。

本店無限量供應蒜泥及自炒辣椒醬，放在桌上自己加，頭家說這是多年傳統，蒜頭很貴時也不能免。

我吃麵線愛加蒜泥，如果接下來沒有接吻行程，我會加很多，像今天總共加了六匙，腰瘦好吃。

今天試吃本店的肉圓（四十元），一樣是基隆的紅糟肉圓，也不錯吃，而且黃瓜很多。

配上紅糟肉圓，腰瘦好吃。

魚酥麵線原本就好吃。

姨媽的鹹粥

原本這家鹹粥完全沒有招牌。

今天基隆雨不小，我早上去驗車後，特地來正濱漁港考察入選二〇二三年「500碗」的攤店，遠遠看到遮雨布上方掛著一塊「鹹粥二十元」的招牌。

我上次是二〇二一年帶陳耀昌夫婦來，當時一碗十五元，我臉書記錄我二〇一八年來時

一碗十元。下雨天還有不少客人，竟然還有一群泰國觀光客。我點了鹹粥二十元、現炸紅糟肉四十元，就是六十元的基隆幸福早餐。

鹹粥的湯頭以蝦米、小魚乾、高麗菜等煮成，簡單美味，紅糟肉的紅糟是和平島的福州人、大陳人做的，還沒吃就聞到酒香，腰瘦好吃。

其他現炸的還有雞捲四十元、鯊魚排四十元、油豆腐一盤兩塊十元等。

這家是母女接手經營的老店，至今五十年，本來沒有店名，約七、八年前才掛了「鹹粥」的招牌，近年才被網友命名「姨媽的鹹粥」。

姨媽掌店，她先生幫忙，兩人都很親切。姨媽在切盤時會問：「要不要ㄐㄧㄤ　ㄙ？」

如果你沒有馬上回答，她會說：「不會跳

鹹粥有加小魚乾，是簡單的美味。

的！」（薑絲／殭屍）

我不常來，姨媽不認識我。我看到牆上掛著「500碗」的獎狀，就問她得獎對生意有沒有幫助？她說有，很多人是看到報導來的。

其實，「姨媽的鹹粥」得獎的這一票，就是我當評審投的。我看到生意好，也跟著高興。

早年，正濱漁港有兩家有名的無招牌台灣古早味早餐店，一是鹹粥，一是米篩目，從清晨賣到中午，提供「俗擱大碗」的早餐，尤其冬天溼冷，給予漁夫、釣客熱呼呼的溫暖。

現在米篩目已永久歇業，我希望鹹粥長長久久。

補冬羊肉爐

冬天來一趟福記蔬菜羊肉鍋吧！

台灣北部人在「立冬」、南部人在「冬節」（冬至）吃補，以增強禦寒的體力，稱之「補冬」(póo-tang)，即冬令進補。

台灣早年的補冬，一般食用羊肉、番鴨等肉類，可加酒、中藥材燉湯。

所以今晚有朋友請我來吃福記蔬菜羊肉，這家基隆著名的羊肉專賣店，不同於一般的羊肉爐，以蔬菜＋清燉帶皮羊肉的清湯火鍋，獨樹一幟。

其實我前年來過，今晚再來已擴大店面，用餐環境很好。我們點了薑絲＋羊肉鍋六百元，再加羊五花六百元，以及白菜、菇類，還有麻油麵線。沒有山茼蒿，殘念。

羊骨高湯清爽無油，帶皮羊肉沒有羶味，涮羊五花肉鮮美有嚼勁，腰瘦好吃。

本店羊肉與台南佳里牧場契作，養的是英國努比亞（Anglo-Nubian）羊，為英國山羊與印度、中東、北非山羊的混種，並挑選一年二至四個月大的公羊。

＊很意外看到福記老闆在留言欄說明：英國努比亞山羊是特殊品種，雖然養到十個月已可宰殺，但要養到一年二至四個月其香氣才會出現，也是最好的賞味期，這是本店所秉持的價值第一。

武昌排骨

今天很高興在環宇廣播電台的「人與土地」節目，接受主持人李偉文訪問，分享《艾爾摩沙的瑪利亞》。

李偉文是斜槓人生：荒野保護協會榮譽理事長／廣播主持人／作家／牙醫師，我很早就認識他，正想是哪一年？他先說已經二十八年了！

一九九四年，我當記者，獲知李偉文在他的牙醫診所附設小圖書館，就去採訪他，當時他正在籌備創辦荒野保護協會。

今天換成他採訪我，談得很愉快，又談了我另外的三本書《台灣史新聞》、《蚵仔煎的身世：台灣食物名小考》、《吃的台灣史》。

李偉文私下說，他的節目都是訪問認真為台灣這塊

老牌的武昌排骨簡單好吃。

土地做事的人。我覺得非常榮幸，未來還要繼續努力。

事前查了電台地址，太好了！傍晚訪問結束之後，正好去吃懷舊的武昌排骨。

如果問我最好吃的排骨飯？我會毫不猶豫的說：武昌排骨！

武昌起義在湖北，武昌排骨在台北。武昌之名源自一九五〇年代在台北市武昌街創業的「排骨大王」，但已於二〇一〇年十月歇業。

幸好，台北市仁愛路四段三四五巷十五弄十二號還有一家，在延吉街接近仁愛路口的巷子。

現在排骨飯一碗一百元，加滷蛋十元，老闆端上來時，我才想到沒叫滷蛋，殘念。

一個碗公，白飯上的配菜是高麗菜、酸菜，外加一塊豆干，淋了肉臊，然後蓋上一塊剛炸好、切好的排骨。

排骨是厚切，最特別的是不裹粉，醃過後直接下鍋油炸，肉紮實而鹹香，腰瘦好吃。

珍愛旗魚飯

我前幾天在臉書上說，我從小至今每來基隆廟口，總是吃天一香滷肉飯和滷鴨蛋。前北藝大校長、前文建會主委邱坤良留言說：「我每次去廟口都吃旗魚飯加魚湯，下次應試天一香，但怕去了又是旗魚飯。哈！我吃這攤五十年了，一吃就飽，就少再吃別攤了。」

哇！我知道基隆廟口第八號攤旗魚飯和鮮魚湯，以基隆沿岸、近海「現流」海產著稱，但我沒吃過，想不到邱校長竟有半世紀的忠誠之戀。

邱校長是南方澳人，我問他為何會被基隆廟口旗魚吸引？他說，旗魚飯很家常菜做法，但別的地方吃不到，南方澳的旗魚都拿來做生魚片或魚丸。

旗魚是基隆近海主要的大型魚類之一，基隆人吃旗魚除了生魚片かじき（kajiki）之外，還有：把旗魚切小塊包入魚漿做旗魚麵線，切薄片煮清魚湯、味噌魚湯，切中塊裹麵粉炸過做旗魚羹，以及用旗魚肚薑燒做旗魚飯等。

湯類
熱炒類
焢肉飯 50
旗魚飯 50
蕃茄炒蛋 40
蝦仁炒蛋 40
炒青菜 30
炒蝦仁 100
炒軟絲 100
紅燒魚 時價
鮮魚湯 90
瘦肉湯 45

我翻查一九九七年的訪查資料，此攤在戰後就由第一代張清吉、張林銀賣鮮魚湯，第二代是林傳明、林燕花。現在是第三代林志豐，從中午賣到晚上九點多。晚上十點到隔天早上八點，則由林志豐之弟林景客接手，所以從半夜到清晨也可以吃到。

今天中午，我以基隆年輕耆老小駕光臨，點了「邱坤良套餐」：旗魚飯五十元、紅燒豆腐四十五元，以及鮮魚湯三百五十元，一尾紅條石斑，頭家貼心把魚和湯分開，以便於筷子挾魚肉。

旗魚的魚肚肉「臁肚」（台語音 liám-tóo），有軟筋及油脂，連同薑燒湯汁、梅乾酸菜鋪在白飯上，腰瘦好吃。

紅燒豆腐、蝦仁炒蛋都是現煮，腰瘦好吃。

生鮮紅條很貴，本攤煮好一尾三百五十元比餐廳便宜很多，魚肉Q嫩，魚湯清鮮，腰瘦好吃。

隔壁客人說他在本攤也吃了五十年，今天吃赤筆仔（笛鯛），一尾三百元，我順便拍照了。

＊臁：牲畜腰兩側肋骨和胯骨之間的虛軟處。

基隆廟口巡禮

北美洲台灣婦女會紐約分會前會長黃司晶，今天帶十一人團包車來基隆半日遊，晚上吃海鮮辦桌。總統大選近了，他們都是專程從美國返台投票的朋友，予我真感心。

我們約中午在基隆廟口見面，我決定不解散各自找吃，而是如何讓他們多吃幾攤。

●天一香：每人只吃半碗滷肉飯（十五元），兩人合吃一碗肉焿（五十元）。

●天婦羅：只點兩小盤（一盤四十元），大家站著用叉子分吃。

●滷豬腳：只買一塊腿肉（一百元），大家站著一人一塊吃完。

●油飯：只買一碗三十五元，裝在塑膠袋，由我擠成小飯團，大家站著一人吃一口。

●雞卷：廟埕的現炸古早雞卷三條，切成十二塊，大家站著一人吃一塊。

●一口吃香腸：買十二個（一個八元），大家站著一人吃一個。

●遠東泡泡冰：兩人合吃一碗花生花豆（五十元），在店裡坐著分食。

如此，腰瘦好吃，皆大歡喜。

下午，先去潮境復育公園，在小雨中喝紙杯咖啡看海，然後去海科館參觀《臺灣是世界的臺灣》特展，最後去東岸旅客中心看基隆港。

晚餐在基隆最高皇冠大樓二十八樓的碧海樓海鮮景觀餐廳辦桌，基隆港很美，基隆海鮮很讚，腰瘦好吃，皆大歡喜。（按：二〇二三年十二月三十日撰文）

Manatee Diner 馬納蒂

英國美食「炸魚薯條」(Fish and Chips) 在基隆落腳，炸魚從鱈魚變成基隆海域的紅魽，我基隆年輕耆老非常歡喜。

位於基隆與瑞芳交界海邊的「Manatee Diner 馬納蒂」美式餐廳，去年五月開張，主打紅魽炸魚薯條，我被吸引來吃了兩次。

因此，我今年擔任二〇二三「500碗」評審時，

老闆會用在地海魚製作炸魚。

投了馬納蒂一票。馬納蒂店主以臉書私訊致謝，並說等今年冬季紅魽最肥美時，將邀我去吃紅魽熟成的生魚片。

昨天馬納蒂店主私訊告知生魚片已經備好，我才想起此事，今天特地前往試吃。

邊吃邊看海景，心曠神怡。

原來馬納蒂的店主是年輕夫妻 Ben & Bibi，Ben 是海大畢業生，Bibi 旅遊歐洲愛上炸魚薯條，兩人決定創業。

他們請我吃紅魽熟成的生魚片，一盤日式，一盤洋式（店主自製甜菜醃蘿蔔），都是腰瘦好吃。（本店不賣生魚片）

我才知道，原來馬納蒂的紅魽都是熟成之後才炸，而且來源都是職業的海釣船，這是生食等級的炸物。我今天吃的紅魽，竟然來自釣魚台海域。

我另點了海鮮巧達濃湯，以紅魽魚骨熬湯，加了蛤蜊及現煎小卷。

我又試點基隆傳統的炸紅糟鰻＋糯米椒，白鰻（海鰻）已經去刺。

馬納蒂的一樓有一處掛牌寫著「Manager's

Office」，原來是名叫「大富」的柴犬的狗窩，牠是最近才被店主收養的棄犬，似乎有些憂鬱，我祝牠早日恢復信心。

馬納蒂二樓有廣闊的海景，在此享用炸魚薯條，人生美好。

蘇杭

每道菜都吃得乾乾淨淨。

幾年前，陳耀昌醫師私訊請我幫忙找基隆最好的海鮮餐廳，他說要招待日本貴賓。

我不但找，還去實地查看，希望找到一家新鮮好吃，又有良好用餐環境及衛生廁所的餐廳。我正苦惱時，陳醫師說活動因故取消。

後來我才知道，陳醫師的日本客人是下村作次郎，多年來致力台灣文學日文翻譯的學者，我開始與他在臉書交流。

這次他應邀來台大、中研院演講，還有原住民部落考察活動，昨天終於有機會跟他在台北聚餐，共餐者有陳醫師夫婦、台大台文所教授楊雅儒、日本作家栖來光。

我吃過多次蘇杭餐廳（台大校友會館），但沒吃過陳醫師點的草魚頭和下巴，下村先生特別稱讚，陳醫師果然如他自稱可以吃得像貓吃的一樣乾淨。

我則喜歡醃篤鮮，栖來光喜歡有卵的蔥㸆鯽魚，楊雅儒看來都喜歡，腰瘦好吃，六人皆大歡喜。

醃篤鮮的湯濃郁香醇。

鯽魚長時間燉煮收汁而成。

金山河內越南料理

我喜歡越南菜（其實各國菜都喜歡），金山的「河內越南料理」我去過幾次，好吃程度僅次於我還沒去台北考察的越廚 Viet's Kitchen。

該店的越南生菜捲（gỏi cuốn）腰瘦好吃，牛肉河粉也要稱讚。我這次試吃該店名菜「雞迷路」，說是中越和南越的雞料理。

雞去頭頸，先以越式香

牛肉河粉腰瘦好吃。

料醃漬，再放烤箱，最後以糯米飯包裹全雞，下油鍋炸至糯米表皮金黃即成。因為雞整隻被蒙住，自然會「迷路」，故以此命名。

端到餐桌，在客人前面剪開，香氣四溢。糯米皮外表酥脆有如鍋巴，但內層是沾著雞皮脂的米飯。雞肉有烤過的香，也有燜過的嫩。

吃剩的雞肉、雞骨、雞腳、糯米皮怎麼辦？打包回家，我準備把全部雞料熬成高湯，過濾之後，把糯米皮放下去煮成雞粥，我用想的就知道腰瘦好吃。

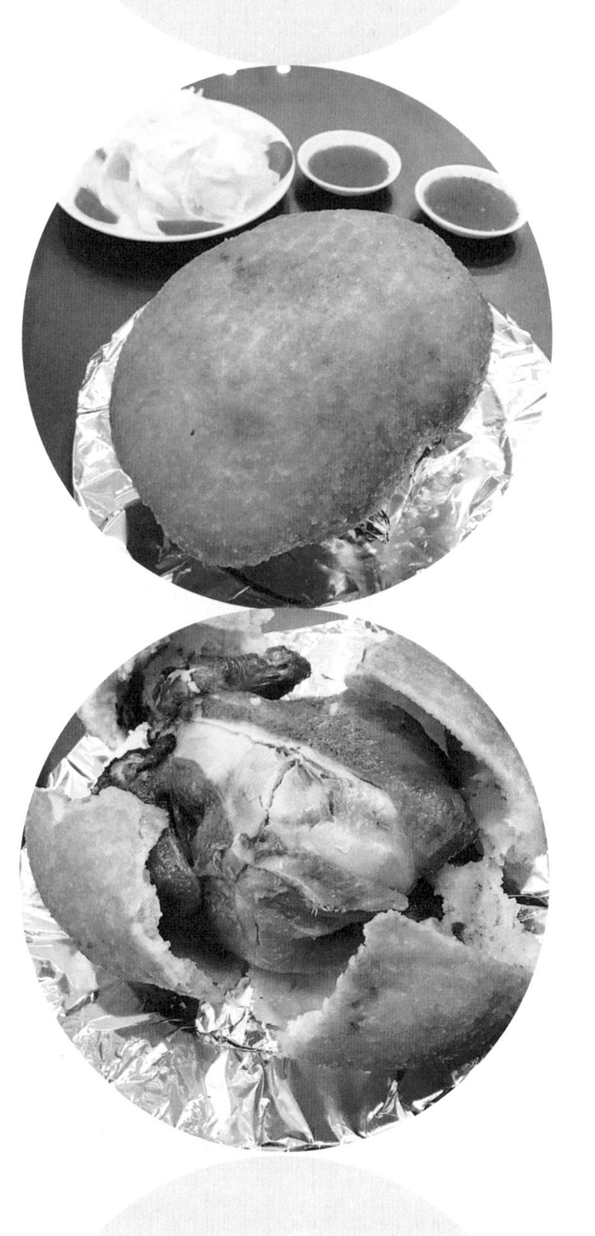

松山機場品川蘭

今年第二次到松山機場，在二樓出境大廳的品川蘭吃牛肉麵，筋肉雙盛（半筋半肉）牛肉麵一碗兩百五十元，讓我想起懷念的飲食作家韓良露。

二〇〇九年二月，韓良露投書媒體批評桃園國際機場餐飲難吃而太貴，「一碗隨便弄的牛肉麵要兩百五十元！」

她指這種經營方式只當成場地出租的主事者，卻忽略了國際機場場所的意義，其實是國際廣告及宣傳的平台，「國家飲食文化觀光的門面！」

這篇投書引起廣大回響，從此台灣的國際機場餐飲開始改善。

十多年後，我在松山機場吃牛肉麵，一樣的兩百五十元（半筋半肉，板腱肉只要兩百四十元），麵Q彈可選寬細，肉大塊而筋軟嫩，湯濃郁有紅燒和清燉，酸菜

不只好吃，環境也乾淨整潔。

機場的品川蘭可算是撐得起國家觀光的門面了！

不鹹，小魚乾辣椒醬溫和，腰瘦好吃，還可免費加湯，而且不加一成服務費。

我覺得雙人套餐六百二十元（原價七百二十五元）很不錯，除了有雙盛（肉筋）、三寶（肉筋肚）牛肉麵，還有溏心蛋、櫻花蝦白菜（娃娃菜），以及兩杯濃厚的酸梅湯。

從國門餐廳看品川蘭，不論門面、品質、服務、價格我都給高分。這家牛肉麵除了傳統的牛腱、牛肋條、牛筋、牛肚，還有牛排、雪花牛肉片，展現台灣牛肉麵的發展和多樣。

美國CNN travel在二〇一五年四月十五日刊出Taipei's best beef noodles，選出台北八大牛肉麵，品川蘭也入選，其品

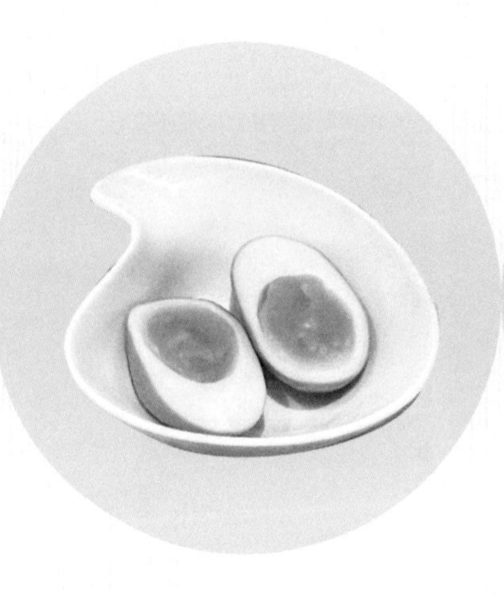

牌「川」指四川之紅燒，「蘭」指蘭州之清燉。

值得去松山機場吃一碗牛肉麵，一定要記得可以不必搭飛機。

韓良露在二〇一五年三月過世，我看她之前寫的專欄文章，她說桃園機場餐飲讓她覺得沒面子，讓她覺得有面子的是基隆廟口小吃。她生前常推薦並帶媒體來採訪「較能維持古風」的基隆廟口小吃，並說北台灣的夜市她最喜歡基隆廟口，甚至視之「非物質文化資產」，呼籲珍惜保護。

交通部觀光局在二〇一〇年首次舉行「台灣特色夜市選拔」活動，包括網友票選及專家評審，結果基隆廟口在五個項目中的「最美味」、「最友善」勝出，成為最大贏家。當時的評審團主席就是韓良露，她說「最美味」項目競爭最激烈，最後由基隆廟口、台中逢甲並列冠軍，分別代表傳統小吃與創新小吃。

我基隆年輕者老以此文紀念韓良露。

魯平豆漿店

今天初五開工，但很多商家尚未營業，我早上起床突然想喝豆漿，就前往基隆三大豆漿店所在的孝三路，只有「魯平」一家開市，門口排了長龍。

內用還有位子，我點了鹹豆漿、燒餅油條，腰瘦好吃！這是台灣從戰後流行至今的山東早點，基隆最早、最大豆漿店應該就是「魯平」，店名是第

燒餅油條配鹹豆漿，滿足！

豆漿店大排長龍。

一代創始人取自故鄉的地名：「魯」是山東簡稱，「平」是山東的平度（今隸屬山東省青島市）。

孝三路的「魯平」已有六十多年歷史，其次是「老戴」，六年前「魯平」的老師傅安徽人印信銓出來開了「阿信」。兩年前，「魯平」第一代的孫女在信義市場開了重視環保形象的「平實豆漿」。

山東人帶來基隆的美食還有水餃，我推薦仁愛市場的「德基水餃」。水餃店為何使用德基水庫的名字？原來，老闆娘是基隆山東人第二代，「德基」是她父親的名字，她要紀念父親把包水餃的手藝傳給了她。

一九四九年國民政府遷台，一兩百萬軍民搭船來台，大都在基隆上岸。戰後基隆的「外省人」移民，以山東人最多。我曾聽一位基隆山東人說，當年逃難有山東人直接開漁船來基隆。

我很早就知道周玉蔻是基隆人，在祥豐街出生長大，父母都來自山東萊陽。我昨晚看她在過年特別節目中訪問李秉穎醫師，才知道李醫師的父親也是山東人，母親則是台南人。

當年，周玉蔻的父親在基隆市中正區正濱國小擔任教務主任，她也就讀正濱國小，原來她是我兩個女兒的學姐。

深夜食堂之肉圓

灰熊腰瘦好吃，堪稱完美的三位一體。

三更半夜有人賣肉圓？有的！基隆的順伯仔以三輪車賣肉圓，過去從晚上九點多賣到凌晨兩點多，近年才開了店面（西定路十九號）。

但重點不是深夜的肉圓，而是灰熊腰瘦好吃的肉圓，一顆三十元。

我吃過有名的彰化肉圓、台中肉圓，以紅糟為特色的基隆肉圓其實也很讚，尤其「順伯三輪車肉圓」的皮、肉、醬汁，堪稱完美的三位一體。

基隆在十七世紀之前就有福州人聚落，也一直有很多福州移民，福州菜常用的調味料紅糟，成為很多基隆小吃的靈魂。

「糟」就是酒糟，即釀酒時過濾下來的渣滓。「紅糟」（台語音 âng-tsau）就是以紅麴釀酒後的渣滓所製成的調味料，可用來醃魚和肉，使其顏色變紅且散發酒香。

基隆肉圓是蒸後再放入熱油裡，內餡主要是紅糟醃過的豬肉（以前還有豬肝），以及筍乾等，較小而皮薄。醬汁就是特調的醬油膏、甜辣醬，不像有的醬汁加了米粉調成糊狀。

*哈！有人說吃消夜不健康，但要想到，很多人是工作到深夜才吃飯，或是從深夜開始工作到白天，對這些勞動界的朋友來說，吃飽、好吃、便宜就是王道。

基隆肉圓較小而皮薄。

天一香滷肉飯

曹天晴從日本返鄉投票，一定要來天一香吃滷肉飯，一般是剛到時、臨走前各吃一次。

今天正好第三代頭家掌攤，我們兩人坐在第一排肉焿湯前，除了有加湯服務，還能保暖，順便蒸臉。

曹天晴跟頭家說：不來天一香，會感覺沒有回台灣。

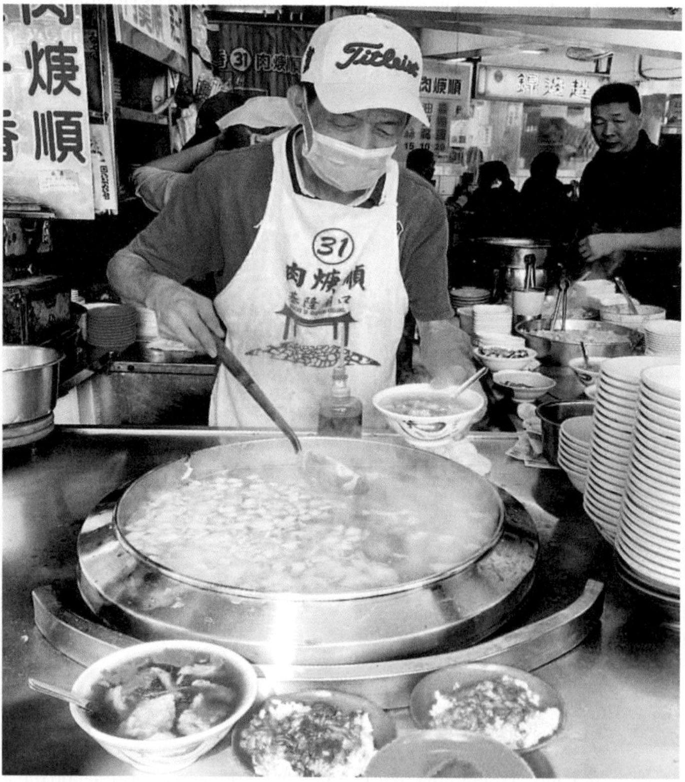

天一香是我女兒從小吃到大的美食小吃。

為了多吃幾攤，我們各點半碗滷肉飯（十五元），合吃一個滷鴨蛋（二十元）、一碗肉焿湯（五十元），腰瘦好吃。

一共一百元，頭家說曹老師不用錢，我領受好意，但錢一定要付。

曹天晴真的愛天一香滷肉飯，她曾在日本仿製，特別去找日本市場很少見的豬皮，那鍋看來有模有樣，可惜我人在台灣。

女兒曹天晴在日本做的滷肉仿製品，看起來真不錯！

WeR國門廣場

WeR 國門廣場的美麗玻璃屋。

基隆國門廣場玻璃屋的WeR國門廣場餐酒館，今天傍晚開幕，我以基隆年輕耆老身分前往考察，對在地發想的「老鷹漢堡」、「蝦薯條」印象深刻。

景觀建築師宋鎮邁團隊設計的「國門廣場」+「玻璃屋」（舊公車總站），希望創造基隆獨有的海港生活空間，以木質調階梯搭配大面玻璃窗的建築物，寓意透明的港口。

戰後戒嚴期間，基隆內港以圍牆隔絕了城市，老一輩的基隆人都有看不見碼頭的記憶。近年來，從「海洋廣場」、「黑鳶廣場」到「國門廣場」、「東岸旅客中心觀海平台」的開放，讓市民與遊客能夠親近基隆港緊鄰市區的U型水岸。

在前市長林右昌任內，「國門廣場玻璃屋」沒有租給國際連鎖餐飲集團，最後由提出營運企畫的基隆在地團隊得標。店名WeR，可念成we are，R也代表玻璃之屋的room。

基隆港今晚風雨微微，亮燈的WeR，從遠處看美極了！我說基隆的年輕一代正在翻轉雨的印象，雨雖沉重，也是浪漫。在玻璃屋內喝咖啡，正好欣賞屋外的雨舞。

屋頂的露天平台也開放參觀，可眺望港區及車站前景觀。

WeR 店內使用的桌椅，都是日本木製家具 Karimoku 旗下的品牌 KNS。

WeR 的行政主廚是我認識並合作過的生態廚師、日本料理主廚張正忠，今晚預約客滿，他忙得無法跟我多說話。

很多人知道「老鷹紅豆」，「老鷹漢堡」以老鷹為名，就是想凸顯老鷹與基隆的關係。老鷹（黑鳶）是基隆的市鳥，台灣在一九九一年以全人投入、開啟老鷹生態研究的基隆人沈振中，就是從基隆的老鷹開始。

「老鷹漢堡」是招牌菜色，有牛肉、黑豬肉、鬼頭刀魚排三種口味。

「蝦薯條」是薯條撒了蝦粉，蝦粉是蝦殼磨的粉，我一聽就知道這是基隆才做得出來的食材。果然阿忠師說，他去崁仔頂漁市的剝蝦攤買蝦殼，胭脂蝦殼取其紅，劍蝦殼取其香，兩種蝦殼洗淨、乾燥後，再磨成粉，加了細鹽，與烤好的薯條

火腿拼盤配啤酒，腰瘦好吃。

共拌美味。

「西班牙油封海鮮」把煙燻橄欖油漬的海鮮裝到易開罐的罐頭，吃時再開罐，這種創意來自船上的罐頭食品。

其實，十九世紀歐美的食品罐頭賣到台灣，基隆是港口之一，例如「三文魚」（鮭魚）罐頭。戰後基隆委託行盛行年代，可買到各種國際名牌罐頭，例如墨西哥的車輪牌鮑魚罐頭。

我還吃了「伊比利火腿拼盤」，喝了酒精只有百分之〇．五的德國啤酒。

腰瘦好吃，以後會再來考察。

劉媽媽酸菜白肉鍋

綠糧行創始人郭慶義說要來基隆吃四臣香肆的刈包，我帶他到林姐店裡現吃，他說從皮到肉都很滿意，只可惜酸菜不酸。

林姐解釋，一般酸菜本來很鹹又帶沙土，她必須多次清洗，洗到乾淨也就不酸了。

郭先生當場拿出他的益生菌酸菜送給林姐，林姐馬上打開撕了就吃，頻頻稱讚。

郭先生性情中人，當場就說，他願意以一般酸菜的價格，提供

這裡的酸菜白肉鍋雖酸但口味溫潤。

益生菌酸菜給四臣香肆使用，讓基隆人可以來此吃到高品質的酸菜。

哇！真是一件美事！郭先生說他跟基隆有緣，少年時常來基隆玩，現在又有倉庫在基隆暖暖。

郭先生還邀林姐和我到台北天母的益生菌發酵美食平台——劉媽媽酸菜白肉鍋，試吃酸菜火鍋（青鍋）、酸白菜火鍋（白鍋）。

這是我吃過酸味溫和、酸度又夠的酸白菜火鍋，帶皮的生五花肉也腰瘦好吃。我也第一次吃酸菜（芥菜）火鍋，與酸白菜不一樣的香氣。

我講述文創產業，都會提到生態保育、文化傳承、社會關懷等人文內涵。郭先生以益生菌科技創業，希望發揚、改良台灣的酸菜文化，從種植、製造到行銷，我祝他把產品賣到全世界。

珍饌重慶麻辣火鍋

今天老番、杜老爺兩位老友來訪，我帶他們來考察基隆珍饌重慶麻辣火鍋，之後在附近小七買咖啡到路邊石椅開會，從台灣史工作談到金剛經般若，皆大歡喜，信受奉行。

我看老番出門總是一大背包，內裝筆電、書等，將近十公斤。我有登玉山的經驗，深知負重走路的辛苦，就問他吃飯背這個做什麼？他說可防止駝背，並背著走進餐廳，幸好吃火鍋時解了下來。

老番很久以前就用文言文跟我說他「嗜辣」，卻沒吃過麻辣鍋。我想了一下就叫中辣，結果他說不會太辣，並稱許辣椒、花椒合體的口味，美國萊牛也有夠好吃。

台灣歷史漫畫家杜福安幾個月未見，慶幸他的頸椎硬化沒有惡化，我安慰他說可惜硬化部位不對。

杜福安本來不大吃辣，想專攻養生白湯即可，結果發現麻辣湯煮過的美國萊牛腰瘦好吃，最後還喝了一些麻辣湯。

餐廳免費供應杜老爺冰淇淋，杜福安裝了一小碗回桌，我問什麼口味？他說不知。我笑他竟然不知自己賣的冰淇淋？他說董事長不管小事。

一個下午的聚會，三人互稱神清氣爽、容光煥發，當各自繼續努力工作，並相約下次再來考察基隆的甕仔雞。

三人一起享用鴛鴦鍋。

飯後吃杜老爺冰淇淋，神清氣爽。

安一五郎海產

我小女兒和台南女婿從德國返台過年，先來基隆探親，這次我安排在安一五郎海產（一九六○年創立）聚餐。

這家位在狹窄街道、看來簡陋的老店，很多台北人都知道是當年秦漢帶林青霞來吃的海鮮餐廳。

其實，我老家就在附近，我去車站必經安一路，但一直沒注意這家店。我是看了日劇《白色巨塔》，因男主角唐澤壽明在劇中名叫財前五郎，才想起這家以五郎為名的海產店。

長話短說，五郎海產的創業總舖師張木榮，因在家排行第五名叫五郎，做到八十歲過世。現

五郎海鮮很受當地人好評。

在掌店者沈文煌是他的姪子，十六歲就來店裡當助手，幾十年傳承廚藝，也已年過六十了。（按：沈師傅現已退休，改由青壯輩的鄭師傅掌門，他之前在廚房內場工作，確保一甲子廚藝的傳承）

五郎海產貨源來自不遠的崁仔頂漁市，以新鮮著稱，店規直說：海鮮有季節性，所以沒有固定菜單，來就看菜點菜，師傅會幫忙介紹。

我點了本港龍蝦（清炒）、鮟鱇魚（火鍋）、生魚片（紅魽、軟絲、旗魚），雖然不便宜，但貨真價實。

讓我讚嘆的是常見的菜，我只能說是我吃過最好的：

●紅糟鰻（炸）：無刺、外酥、內軟有酒香。

●中卷（炒）：多炒一秒都不行的鮮嫩。

●海菜（炒）：祕調烏醋與海味的絕配。

其他的河豚皮（美麗的膠質）、墨魚香腸（軟嫩又看得到花枝塊）、三鮮水餃（內有整尾劍蝦）、養生粉肝（太好吃了），以及蚵仔酥、炒麵，甚至自調的新鮮金桔檸檬汁，都值得鼓掌。

結論：腰瘦好吃，賓主盡歡。

隱藏於巷弄的程爸廚房

聽到「馬告烘蛋」，我就興奮起來，因為原住民（泰雅族）的食物名能夠取代漢人所說的山胡椒。請看下方照片左上角有一粒馬告！

招牌菜「蔥燒豬軟骨」腰瘦好吃，我一吃馬上問有沒有外帶？全部給我！

竟然有高檔素菜「素炒猴頭菇」！

這道辣的「熱炒牛筋」也很特別！

還有沒點到的「紅燒獅子頭」，我想一定好吃，外帶十二粒！

昨晚應邀到桃園「龍潭導覽協會」演講，理事長徐鳳園帶我來「程爸廚房」晚餐，浙江籍退伍老兵廚藝了得，沒有招牌的一人餐廳，端出一

道道好吃又便宜的菜。

龍潭導覽協會承辦解說員訓練及樂齡教育課程，學員認真而可愛，與他們分享我對台灣食物名小考的心得，非常愉快！

熱炒牛筋香辣美味。

當沙茶遇見魚鬆

VERSE 雜誌社長張鐵志、青鳥書店創辦人蔡瑞珊，昨晚來基隆 casa PICASSO 西班牙餐酒館聚餐，並贈送大家 VERSE 與嘉義「林聰明沙鍋魚頭」的聯名加贈商品「SMART VERSE 香辣魚鬆拌麵」。

張鐵志因開會遲到兩個多小時，來了卻沒有很餓的樣子。他請我試吃、指教此麵，我說我是 VERSE 訂戶，也考察過坊間各種品牌拌麵。

昨晚十一點多，突然看到張鐵志在臉書直播「深夜煮麵教學」，標語：社長不計毀譽賣演出，你看賣雜誌多辛苦……

我看他花了很長時間煮麵，還說瑞珊交代要煮很久，所以蛋煎好了，麵還沒煮好。這個我有經驗，「曾拌麵」與其他拌麵比，也是要煮較久才會軟，我一直不知原因？

此麵的醬料是結合林聰明沙鍋魚頭的「香辣沙茶醬」、「沙茶鮪魚鬆」兩種商品，我看其中有魚鬆，就想到我多年前在台中吃台南「魚鬆肉燥飯」的經驗。

南台灣的肉臊飯，相當於滷肉飯而有較大帶皮肥肉塊，我也很喜歡，但看到飯上還有魚鬆，我很難接受。我想到多年前看到有人煮肉燥泡麵加肉鬆，我不以為然的說：這樣對不起肉燥，也對不起肉鬆！

後來我變成年輕耆老，心胸開闊，才想：應該尊重不同吃法，既成習俗必有道理，以後若有機會再吃魚鬆肉燥飯，一定要細心咀嚼其味。

今天煮「沙茶魚鬆拌麵」前，我突然想到，沙茶與肉燥不同，其本身就有魚乾的成分，或許魚乾加魚鬆可以呈現加乘效果的口感和滋味。

我一邊煮麵，一邊煮水波蛋，再切青椒紅椒絲配色，結果麵Q彈，與醬料合體，腰瘦好吃，一大碗順口吃光。

＊蔡瑞珊詢問廠商後答覆：我們的麵體為台南日光曝晒麵，與一般拌麵麵體不同，需要煮久一些，約七分鐘。

基隆人的三明治

基隆特有口味的炭烤三明治，最早是基隆廟口第九號攤，二〇二〇年五月搬到開漳聖王廟（奠濟宮）旁的小巷中，變成乾淨、有冷氣、內用位子多的小店，交由年輕的第四代經營，並出現「素志久SendWish」的文創店名。

戰後在基隆出現的炭烤三明治，我以前不知如何談其起源，最近想到可用「創造的傳統」解釋，其實這是基隆人

炸豬排麵包，料多實在好好吃。

第四代接棒的新店看起來很文青。

「創造」的美食小吃，至今已有七十年的「傳統」。

怎麼說呢？日本「焙煎胡麻」，源自中國芝麻醬。日本「拉麵」，源自中國湯麵。日本甜麵包「菓子パン」（kashipan），例如紅豆麵包，源自西方麵包。日本火鍋「しゃぶしゃぶ」（shabu shabu），源自中國東北涮羊肉。日本「燒肉」，源自韓國烤架烤肉。日本咖哩「カレー」（kare），源自印度咖哩。以上日本美食都沒有悠久的歷史，都是從外國美食改良、在地化的成果，但已成為日本傳統的飲食文化。

一九九七年，我做基隆廟口小吃文化田野調查，曾訪問基隆廟口第九號攤第一代謝桃，她說她在日本時代沒看過炭烤三明治，可能是她的親戚合夥人吳春福看日本書學來的。

為何不用電烤，而要以炭火烘烤麵包？這樣吃時還有水分，軟硬適中，口感最好。

當然，在食材、口味上還要經過改良、在地化的研發過程，最後形成典範，並被模仿。

例如：番茄、小黃瓜是可以穩定供應而且不易腐爛的蔬菜，美乃滋要增加甜味，以及優質的花生醬。

使用的麵包有三種：三層土司叫「三明治」，橢圓形麵包叫「熱狗」，圓形麵包叫「麵包」（後來取消了）。因此，橢圓形麵包就改稱「麵包」。

夾料除了常見的火腿蛋、炸豬排之外，早年還有香腸、大蝦、豬肝（滷）。

基隆廟口第九號攤看來是傳給女兒和女婿，第二代是謝美月、林珀州，基隆廟口愛四路晚上那家炭烤三明治則是林珀州之弟林春榮開的。第三代是林素如、鄭志功，二〇一九年十月鄭志功因病去世，大女兒鄭兆妤辭掉法院工作回來與兩個妹妹接下老店。

「素志久」之名由來，「素」與「志」是母親和父親名字各取一字，「素志」即夙願，指長久以來的願望，「久」取基隆廟口第九號攤的諧音。

SendWish 有傳送願望之意，並與三明治的英語 Sandwich 諧音。

我去吃了，最愛的「炸豬排麵包」四十五元，這是我基隆年輕者老第一次內用炭烤三明治，年輕美女現做的，腰瘦好吃。

＊碳烤的「碳」是錯字。炭：木炭、煤炭，指含碳物質在高溫不完全燃燒下的殘留物。碳：化學元素，例如二氧化碳。

老店傳承，真是太好了。

我的心是暖暖的

冬天早上下雨，
我去雨量冠全台的暖暖，
拜訪久仰大名的舞麥窯，
聞到滿室麥香。

看見老友張源銘，
以麵包師的姿態，
穿著圍裙走出來，
我的心是暖暖的。

自磨麵粉天然酵母石窯麵包，
果然灰熊＋腰瘦的好吃。

我吃香草番茄起司麵包，
嚼到地中海初榨橄欖油。

我以吳寶春的常客、
煮飯工作者的身分，
我要說我愛舞麥窯，
很想與親友們分享。

*舞麥窯位在基隆市暖暖區暖暖里暖暖街，這一連六個暖，再硬的心都會融化的。吵架的、心剛硬的，很適合去吃片麵包，喝杯咖啡，心情和世界就不一樣了。

附錄：台灣人吃牛小考

牛肉麵

牛肉麵在台灣已成為最具代表性的麵食之一，台北市政府還舉辦「國際牛肉麵節」。很難想像，在戰後初期台灣社會還視吃牛肉為禁忌，甚至直到今天仍有很多人不吃牛肉。

台灣最早的兩種牛：黃牛和水牛，都是從島外引進。十七世紀，荷蘭人在南台灣發展以蔗糖為主的農業經濟，所以從南洋或比台灣更早開發的澎湖引進黃牛來耕作旱田。後來，漢人移民開始在台灣各地種植稻米，所以再從原鄉引進水牛來耕作水田。

牛肉麵是戰後才開始興盛。

在台灣早年的農業社會和農村生活中，牛是最重要的耕作夥伴，牛車是最重要的交通工具，各地的「牛墟」是牛隻交易的市集。當年，一般家庭如果有牛隻生病或死亡，就可能嚴重影響家計。因此，台灣人與牛之間培養了深厚的感情，牛與人關係密切有如家人，日本時代，台灣著名雕塑家黃土水的傳世之作就是「水牛群像」。有一位日本人山根勇藏在散文集《台灣民俗風物雜記》中描述台灣農夫對待耕牛的情形，讓他非常感動。他看到台灣農夫帶著兩頭牛到田裡，一頭耕田、一頭在田邊吃草。農夫看耕田的牛做累了不動，也不會鞭打牠，乾脆自己也休息一下，再看牠還是不想動，就把犁卸下來，換另一頭牛來做。

直到戰後，有些客家庄還保有在冬至餵牛吃湯圓的習俗，因擔心湯圓太黏牛吞不下去，還用青菜包起來，讓牛連青菜一起吃下去。有人還把冬至那天訂為牛的生日，直到後來耕牛被「鐵牛」（耕耘車）取代。

台灣民間認為牛是有靈性的動物。有一句台語俚諺：「豬知走，毋知死；牛知死，毋知走」，牛看到有人來抓牠，牠不會叫也不會跑，但會流淚，因為知道自己就要被殺了。

另一句台語俚諺：「毋食牛犬，功名袂（不會）顯；食了牛犬，地獄難免」，雖然中國歷史上很多英雄豪傑都吃牛肉、狗肉，但吃了難免會下地獄。因為台灣人大都相信「食牛食犬，地獄難免」，所以一般人不吃牛肉，很多農夫甚至不賣老牛，讓一生辛苦的牛能夠安享天年。

當然，不能說以前台灣人都不吃牛肉，但是打開吃牛肉的風氣，發明牛肉麵的美食，確實是戰後外省族群的影響。

在談牛肉麵之前，必須先談麵。台灣的氣候適合種植稻米，只有很少數地方種植小麥（主要在台中大雅），直到戰後初期，台灣人的主食都是米飯，麵不是正餐，所以著名的台南擔仔麵最早被歸為「點心」。

一九五四年，台灣政府希望多外銷米來賺取外匯，正好美國在推銷產量過剩的小麥，所以就開始推行「麵粉代米」政策，鼓勵民眾多吃麵食代替米食。另一方面，台灣在一九四九年來自中國各省一兩百萬移民中，也有大量吃麵的北方人，使台灣在傳統米食文化之外也發展了豐富的麵食文化。

台灣的牛肉麵從何而來？一般都引用已故台大歷史系教授、飲食文學作家逯耀東的說法：大江南北都有不同形式與風味的牛肉湯、牛肉麵，唯冠上「川味」的紅燒牛肉麵是台灣獨創，四川當地並無此味。戰後，四川的成都空軍官校遷到高雄岡山，空軍眷屬多為四川人，他們以四川郫縣的方法在岡山製造豆瓣醬，再以四川成都用豆瓣醬熬煮「小碗紅湯牛肉」的作法，在台灣創造了「川味紅燒牛肉麵」，所以可說是起源於岡山，後來流行於台北。

常擔任台北國際牛肉麵節評審的美食家梁幼祥，在他二〇一一年出版的《滋味》一書中，也提到台灣牛肉麵的起源：「台大教授逯耀東說源自岡山外省老兵，但也有人說源自台北中華路，不論如何，確是老兵退伍後，為了謀生在麵攤上精調出來的美味。」

所以我們可以推論：戰後初期台灣民間很少人吃牛肉，但外省族群一般無此忌諱。當年外省眷村家庭把政府配給的麵粉，以手工擀成粗細不同的麵條來吃。如此，牛肉與麵條結合成「牛肉麵」，並從退休退伍老兵所開的麵攤、麵店賣起，最後變成不分外省人、本省人，連日本人、西洋人都愛吃的高檔庶民美食。

梁幼祥說：「這看來簡單的一碗麵，湯汁的味醇不可帶水味，亦不可讓醬香或藥香壓過牛鮮，肉糜的豐實不可帶咬勁，還得帶著膠質，這不僅是台灣獨有，更是台灣在烹調藝術中的飲食之美。」

林東芳牛肉麵是傳承三代的美味。

古早台灣人為何不吃牛？

繪本作家曹益欣寄來她畫的牛年賀卡，人笑「對牛彈琴」，畫家卻諷之「牛彈琴」，讓我想起古早台灣人吃不吃牛肉的問題？

台灣最早的黃牛和水牛，都是從島外引進。十七世紀，荷蘭人在南台灣發展以蔗糖為主的農業經濟，所以從早有漢人聚落的澎湖引進黃牛來耕作旱田。後來，漢人大量移民台灣，為了種植稻米再從原鄉引進水牛來耕作水田。

台灣早年的農業社會，牛是最重要的耕作夥伴，牛車是最重要的交通工具，所以各地都有「牛墟」，即牛隻交易的市集。當年，一般家庭如果有牛隻生病或死亡，就會影響家計，因此人與牛之間培養了深厚的感情，人待牛甚至有如家人。

在台灣民間，牛被認為是有靈性的動物，吃牛則有因果報應的說法。有一句台語俚諺：「豬知走，毋知死；牛知死，毋知走」，牛看到有人來抓牠，牠不會叫也不會跑，但會流淚，因為知道自己就要被殺了。另一句台語俚諺：「毋食牛犬，功名袂（勿會）顯；食了牛犬，地獄難免」，雖然中國歷史上很多英雄豪傑都吃牛

感謝友人寄來的牛年賀卡。

肉、狗肉，但吃了難免會下地獄。」

日本時代，台灣第一批日本殖民政府官員佐倉孫三，在一九〇三年出版以漢文寫作的《臺風雜記》書中說：「臺人嗜獸肉，而不嗜牛肉。非不嗜也，是有說焉。蓋牛者，代人耕作田野，且孔廟釋典之禮以大牢，是以憚而不食也。」文中的「大牢」也稱「太牢」，指祭祀之前圈養的牛。

日籍教師山根勇藏在一九三〇年出版以日文寫作的《臺灣民族性百談》（一九八九年中譯本書名《台灣民俗風物雜記》）書中，描述台灣農夫對待耕牛的情景：農夫帶著兩頭牛到田裡，一頭耕田、一頭在田邊吃草。農夫看耕田的牛做累了不動，也不會鞭打牠，乾脆自己也休息一下，再看牠還是不想動，就把犁卸下來，換另一頭牛來做。

台灣農業社會與耕牛關係密切，日本時代台灣雕塑家黃土水的傳世之作就是「水牛群像」，直到戰後耕牛被「鐵牛」（耕耘車）取代。

現今台灣人吃牛肉的風氣，尤其庶民美食牛肉麵的發明，確實受到戰後外省族群的影響。但若說台灣人本來不吃牛肉，都讓耕牛安享天年，則是被過度美化的傳說。

我其實不願看到以下的史實：台灣有「刣牛坑」（thai-gu-khenn）、「刣牛寮」、「刣牛窩」（湖）的舊地名。清代臺灣文獻記載，有人在海邊等瑇瑁（玳瑁，即海龜）登岸產卵，「尾而逐之……眾併力反其背，俾其仰臥……抬回剝之。重者一、二百斤，小者亦有數十斤，醃為脯鬻之，味同牛肉。」

原來，台灣人以前不但殺牛、吃牛肉，海龜肉也可充當牛肉。據此推論，早年台灣有人吃牛肉，只是隱諱不說罷了。

我們可以想像，農夫雖然不殺牛、吃牛肉，但如果有私宰牛販前來家裡說要購買老牛、病牛，農夫會不會拒絕？這是人性的考驗，相信恐怕不少農夫不會拒絕。

翁佳音與我正在合寫《吃的台灣史》，他說「台灣吃牛肉年代悠久」，我們會有更多論證。（按：二〇二一年二月十九日撰文）

松阪豬・霜降牛

在台灣，「松阪豬」、「霜降牛」已成為火鍋、燒烤餐廳強打的食材，代表最好的豬肉和牛肉。

我曾帶北京來的台灣文創參訪團，在台北市日式老屋修建的「樂埔町」餐廳吃午餐，主菜是「松阪豬」，同桌的團員大概聽過日本著名的「松阪牛」，就問我：「松阪豬是不是從日本進口的豬肉？」

我開玩笑說：「松阪豬是台

台北樂埔町的松阪豬定食。

灣人發明的！」

我先簡單解釋一下日本的「和牛」，除了牛的品種之外，還餵牛吃營養均衡的飼料，讓牛喝啤酒以促進食欲，幫牛按摩以改善身體循環，所以肉質獨特、好吃。「松阪牛」是「和牛」三大品牌之一，「松阪」是產地，指日本本州中西部近畿地方三重縣松阪市及其近郊所產的黑毛和牛。

「松阪牛」赫赫有名，代表最好的牛肉，台灣人就把「松阪」之名拿來加在豬肉變成「松阪豬」，代表最好的豬肉。

不過，「松阪豬」指的是豬的部位，即豬頸的肉，位於臉頰連接下巴處，一頭豬只有兩片，一片約六兩重，所以又稱「六兩肉」。這個部位的肉，肉色較白，有油脂但不肥，吃起來有脆感，被認為是整頭豬最好吃的肉。

中文有個詞彙「禁臠」（臠是肉的意思），本意是只有皇帝才能吃的肉，指的就是一頭豬只有兩片的「六兩肉」。後來，「禁臠」也比喻私自享有、不許別人染指的東西。

在日本，豬頸的這塊肉稱之「豚トロ」（とんとろ，tontoro），切片後看起來很像有油花的「松阪牛」，這大概也是台灣人稱之「松阪豬」的原因。

「霜降牛」顧名思義曾被以為是生長在寒帶的牛，後來才知道「霜降」是日語形容牛肉的油花，但有人指「霜降」是「和牛」五個等級中最高級的肉，卻是不夠準確的說法。

一般來說，牛肉或豬肉如果脂肪分布均勻細密，就會比較好吃。英文的 marble 是大理石，marbling 也指牛、豬等紅肉細密脂肪的紋路，marbled meat 就是形容有大理石花紋的肉。

日文則以降霜的美感來形容油花均勻細密的牛肉或紅肉，稱之「霜降り肉」，這是日本人的美學，就像日文稱冬粉為「春雨」（はるさめ）。台灣借用日文，卻把「霜降り」（shimo-fu-ri）省略為「霜降」。台灣的「霜降牛肉」，在香港稱為

「雪花牛肉」。

「霜降牛肉」非常高級，但為什麼不等於最好的牛肉呢？根據日本專門評定肉品等級的「日本食肉格付協会」（Japan Meat Grading Association），評定等級的標準包括肉的色澤、緊實、紋理，脂肪的色澤及油花的分布等，最高等級的牛肉是桃紅色的肉、雪白色均勻細密的油脂。

「日本食肉格付協会」也有評定牛肉油花等級的「牛脂肪交雜基準」（Beef Marbling Standard），共分十二級，所以台灣所謂的「霜降牛肉」，其實也有等級之分。

日文「霜降り」也用來指一種烹調食物的方法。例如生魚片，一般指完全的生魚切片，但也可以用「霜降り」手法，就是把整塊魚肉用布蓋住，再淋下開水，這樣魚塊上層因被燙熟而變白，看起來有如降霜的美感。

滷肉飯的擴張與變化

台灣人發明的「滷肉飯」（或稱魯肉飯，嘉義以南稱肉燥飯），以切（絞）碎皮、脂、肉做成滷汁、澆在白飯的形式，成為台灣平民美食的「國飯」。

滷肉飯的形式，最早促成「雞肉絲飯」的出現，以及豬雞組合的「雞絲滷肉飯」，後來又有「鴨肉飯」。

基隆歐林鐵板燒牛肉滷飯。

基隆廟口羊肉滷飯。

基隆廟口滷肉飯（第 29 號攤）。

基隆廟口晚上雞絲滷肉飯。

基隆正味食堂雞絲飯。

我在基隆廟口還看到以羊肉做成的「羊肉滷飯」。

我意外發現基隆一家平價鐵板燒（中正路歐林）竟有用牛肉做的「牛肉滷飯」，原來是餐廳把整切牛排剩下的碎肉、碎筋，加了洋蔥做成滷汁，提供顧客免費澆在飯上。

我聽說但還沒吃過的，台南有用虱目魚取代豬肉做成的「魚燥飯」，以及牛肉湯店的「牛燥飯」，嘉義有豬鴨組合的「鴨魯飯」。

我在網路上看到，台大名店「阿英」在滷肉飯上蓋了兩個煎荷包蛋的「中瘋滷肉飯」（中風的諧音），在新竹變成「波霸魯肉飯」（雙蛋黃有如乳房），在台南竟然在飯下再加起司片。

廣東汕頭牛肉店

昨天女兒女婿來基隆時，已快下午一點半，因為餐廳大都兩點休息，所以我帶他們去流籠頭的「廣東汕頭牛肉店」，這家下午開到兩點半。

流籠頭好幾家汕頭料理，最終我選擇這家老店，除了我小時候從第一代吃起，也因為相對寬敞而乾淨。

這家的創始人是戰後隨軍來台的汕頭人，汕頭的傳統調味料是沙茶，但在基隆加入咖哩，而且咖哩重於沙茶，成為基隆料理的特色。

此店以牛肉為名，一般人都會點「炒

炒三鮮也是咖哩加沙茶。

炒牛肉是咖哩加沙茶。

牛肉」，但我覺得最有基隆特色的是「炒三鮮」，菜單上寫著「豬肉、魷魚、豬肝」，其實不是魷魚而是「透抽」，並且是「透抽一夜干」，口感極佳，腰瘦好吃。

如果人多，「乾切牛肉」也是好菜，可以吃到肉、筋、肚部位，沾特調的醬油膏加基隆丸進味噌辣椒醬。

我來都會點石斑魚湯，可惜因疫情崁仔頂漁市休息三天，沒有貨源，所以改吃蛤蜊湯。

牛肉河粉

第二個寒夜，我接續之前寫的「視吃療法」之抗寒篇。

越南菜是台灣新一波由新住民引進的族群美食小吃，有些還與台灣小吃融合成為「台越小吃店」。

基隆這家「越南姐妹美食店」（義二路一六〇號），廚師、員工等幾個人都是越南姐妹，主要客人也是越南移工，所以店裡還兼賣越南醬料、泡麵等雜貨。她們都講越南話，但對我馬上轉說流利華語，還請我介紹客人來吃。

我點了牛肉河粉，主要想喝越南味、加

了檸檬汁的湯，再加幾瓢浸漬在白醋裡的生辣椒，一口就熱。我說這叫「鮮辣」，對比於乾辣椒的「沉辣」。

一碗七十元，所以對牛肉不能要求太好，但也不錯吃。河粉也一樣，都是進口乾貨，含米量低，但台灣的米粉也是滲了大量玉米澱粉。

我曾跟越南朋友學了幾個源自漢語的越語用詞：Cảm ơn 的音很像台語「感恩」，就是謝謝的意思。Xin lỗi 的音很像台語「失禮」，就是對不起的意思。

再見的越語是 Tạm biệt，源自漢語「暫別」，我覺得非常文雅。

吃辣不孝？

中午經過中船路的牛肉麵老攤，就來吃一碗（小碗一百元），加了很多辣椒油，順便想問臉友一個問題。

這種戰後在台灣出現的川味紅燒牛肉麵，當時有三大創舉：

一、台灣人本來不大吃辣（薟音hiam），甚至有「吃辣大不孝」的禁忌。

二、台灣人本來少吃牛肉，人講「食牛食犬，地獄難免」。

三、台灣本來只有油麵（煮好的熟麵），戰後外省移民帶來吃時才

中船牛肉麵的美味難以抵擋。

下水現煮的生麵。

我了解台灣早年農業社會因感恩而不吃牛肉的習俗，但我不知民間有「吃辣不孝」的禁忌。彰化人老番說他小時候就聽過，但我年輕耆老的老媽說她沒聽過。

佛教《楞嚴經》中的「五辛」（五葷菜）之說：「是五種辛，熟食發淫，生啖

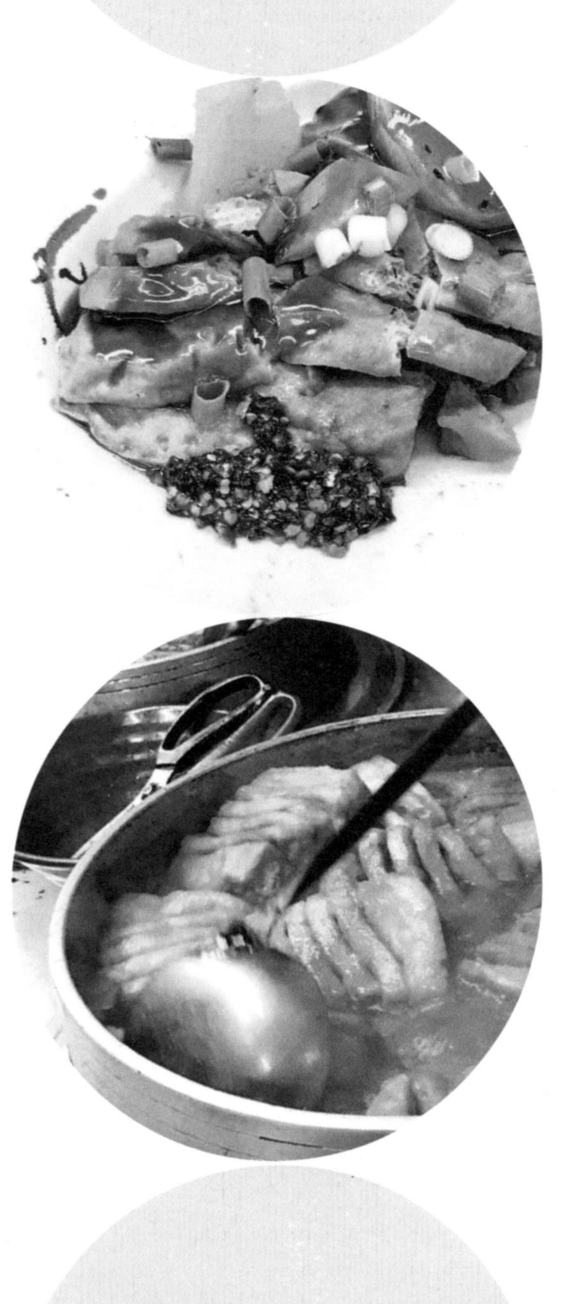

增恚。如是世界食辛之人，縱能宣說十二部經，十方天仙嫌其臭穢，咸皆遠離。諸餓鬼等，因彼食次，舐其唇吻，常與鬼住，福德日銷，長無利益。」

我用白話簡譯：這五種辛，吃熟的會發春，吃生的愛生氣，天仙離開你，餓鬼黏著你。

但五辛是葱、蒜、韭的葱屬植物，辣椒不在其中。

我上網查了一下，資料極少，有人說吃辣會變得心狠手辣，就會對父母不孝。民間禁忌有的沒道理，但有的卻有自我保護的意義，例如「吃辣不孝」，是否出於防範吃太辣會傷身？傷害自己的身體就是對父母不孝？在此請教先進。

*中船牛肉麵是四十多年老攤（沒有分店），特色是牛肉原汁加了洋蔥、胡蘿蔔、白蘿蔔、番茄，以及基隆人愛用的紅糟熬煮的蔬菜湯。著名小菜是煮得軟爛的花干（一塊二十元）。

軍用紅燒牛肉罐頭

在網路上看到有欣欣食品販售「軍用紅燒牛肉罐頭」，我眼睛一亮，隨即陷入懷舊。

記得是念大三或大四時的一個晚上，一位女同學帶來市面上沒有的紅燒牛肉罐頭，原來是她在外島當兵的男友送她的，她拿來跟我們幾位男同學分享。

那個年代，紅燒牛肉

紅燒牛肉罐頭意外可口。

麵很貴，學生一般吃牛肉湯麵。軍用紅燒牛肉罐頭很有名，但很少人吃過。我也是第一次吃，但當時還不會說腰瘦好吃。

現在想起來，女同學的男友很愛她，才會送她珍貴的食物，這是愛情，好像兩人後來結婚了。

女同學很愛我們幾位男同學，才會拿來分享，這是友情，男女之間也有友情。

我又想起跟女生吃肉圓的往事，我說我愛吃餡，她說她愛吃皮，我就說：「那我的皮換妳的餡如何？」結果她說不要。

我之前把這個疑惑寫在臉書，結果有臉友在留言欄說，當時我應該跟女生說：「那我的皮給妳好嗎？」

這麼有愛心的答案，可惜我當年沒想到。

回到主題，所以我就上網宅配「軍用紅燒牛肉罐頭」，一組三大罐，每罐有八百一十五克（固形量四百二十克），連運費花了快一千元。

結論：比市售品牌的牛肉罐頭大罐，牛肉也較大塊，味道也較好，但我吃的是懷舊。

*聽說當年外島才有軍用紅燒牛肉罐頭，難怪我在本島當兵都沒看到。

沙茶咖哩牛肉

我從小來基隆港西岸流籠頭吃沙茶咖哩牛肉，都在「廣東汕頭牛肉店」，未料星期一休息，因此改到附近另外的三家，看「三德」人多就進去了，口味差不多，我覺得滿意。

我點的四道菜：

●透抽乾＋豬肉，兩百元。

●石斑魚湯，三百元。

●牛肉，兩百元。

●蝦仁＋豬肝＋軟絲（三鮮），兩百元。

我一向覺得比牛肉好吃的是透抽乾，菜單上寫的是魷魚。透抽乾比魷魚乾較軟而Q，我在其他地方很少看到。

幾間汕頭牛羊肉老店都開在附近。

石斑魚湯鮮甜美味。

《沙茶：戰後潮汕移民與臺灣飲食變遷》一書作者、台北醫大曾齡儀教授，我曾邀她來基隆考察沙茶、咖哩合體的汕頭牛肉，她覺得在味道上「咖哩重於沙茶」。

沒錯！這就是獨特的「基隆味」。嘿！人家說基隆人愛吃咖哩，汕頭人帶來沙茶也要入鄉隨俗，添加更多的咖哩，炒出來的菜有了咖哩的黃色，更具賣相！

「沙茶」不是茶，而是源自印尼語的烤肉串食物 sate（馬來語 satay），中文音譯「沙嗲」，源自印尼，流行於東南亞。沙嗲醬的主料是花生（粉），但有不同配方，其他的成分主要有椰奶、醬油、南薑、酸豆、紅糖、大蒜、辣椒，以及芫荽籽、小茴香等香料。

早年東南亞的潮汕移民，把沙嗲醬帶回原鄉，改良口味，主要減少花生，添加魚乾（扁魚）、蝦乾、紅蔥頭、中藥材，並以大豆油炒過，與沙嗲醬比偏鹹而不辣，潮州話音譯印尼語 sate 稱之「沙茶」（sa-te）。潮州雖屬廣東省，但潮州話屬閩南語系，早年漳潮一家，沙茶的「沙」是文讀 sa，「茶」的本音是 tê，用來替代印尼語 te。

炒三鮮是一定要點的。

最後用澱粉填飽肚子。

美食資訊

（依照筆畫排序）

8 號旗魚飯鮮魚湯……189
地址：基隆市仁愛區仁三路 62 號第 8 號攤位
營業時間：週日 00:00-08:00；週一 22:00-00:00；
週二～週六 00:00-08:00、22:00-00:00

casa PICASSO 畢加索餐廳……226
地址：基隆市中正區中正路 527 號
營業時間：週三～週五 12:00-21:00；週六、週日 12:00-22:00；
週一、二公休

Manatee Diner 馬納蒂……194
地址：新北市瑞芳區建基路二段 55 號
營業時間：週五～週三 11:00-20:00；週四公休

wanna manna 台灣早餐……153
地址：大阪府大阪市北区天神橋 1 丁目 10-13
營業時間：週一～週六 07:00-17:30；週日公休

WeR 國門廣場門市……212
地址：基隆市仁愛區港西街 2 號
營業時間：週一～週日 10:00-17:30

三德沙茶牛羊肉店……260
地址：基隆市中山區復旦路 7 號
營業時間：週三～週一 11:00-21:00；週二公休

三興魚罐本店……52
地址：宜蘭縣蘇澳鎮漁港路 49-1 號
營業時間：週一～週日 09:00-18:00

小峨嵋川菜館……176
地址：基隆市中正區義一路 58 號
營業時間：週一～週日 11:00-14:00、17:00-21:00

中船原汁牛肉麵……254
地址：基隆市中正區中船路 25 號
營業時間：週一～週日 11:00-00:30

天一香肉焿順……141、144、189、192、210
地址：基隆市仁愛區仁三路第 31 號攤位
營業時間：週一～週日 11:00-22:30

月明薑母鴨……119
地址：新北市新莊區三泰路 30-4 號
營業時間：週二～週日 16:00-00:30；週一公休

台灣綠糧食品科技公司……58、122、154、216
網址：https://www.foodgreen.com.tw/

正味食堂……249
地址：基隆市中正區中正路 542 號
營業時間：週二～週日 11:00-19:00；週一公休

民星魚露食品廠……30、86
地址：新北市三重區正義南路 31 號
營業時間：週一～週五 09:00-17:00；週六、週日公休
臉書粉專：民星魚露食品廠

光復肉焿……142
地址：基隆市仁愛區仁三路第 19 號攤位
營業時間：週二～週日 07:00-13:00；週一公休

越南姐妹美食店⋯⋯⋯⋯⋯⋯⋯⋯⋯⋯⋯⋯⋯⋯⋯⋯⋯⋯⋯⋯252

地址：基隆市中正區義二路 160 號

營業時間：週日～週五 09:30-19:30；週六公休

順伯三輪車肉圓⋯⋯⋯⋯⋯⋯⋯⋯⋯⋯⋯⋯⋯⋯⋯⋯⋯⋯⋯⋯208

地址：基隆市中山區西定路 19 號

營業時間：週二～週四 16:00-00:30；週五、週六 16:00-01:00；
週日、週一公休

黃家麥克麵線⋯⋯⋯⋯⋯⋯⋯⋯⋯⋯⋯⋯⋯⋯⋯⋯⋯⋯⋯⋯⋯179

地址：基隆市中正區中船路 80 號

營業時間：週三～週日 06:00-17:30；週一、週二公休

碧海樓海鮮景觀會館⋯⋯⋯⋯⋯⋯⋯⋯⋯⋯⋯⋯⋯⋯⋯⋯⋯69、193

地址：基隆市中正區信一路 177 號號 29 樓

營業時間：週一～週日 10:00-21:00

福記蔬菜羊肉⋯⋯⋯⋯⋯⋯⋯⋯⋯⋯⋯⋯⋯⋯⋯⋯⋯⋯⋯⋯⋯184

地址：基隆市仁愛區仁一路 295-24 號

營業時間：週三～週一 16:00-22:30；週二公休

舞麥窯⋯⋯⋯⋯⋯⋯⋯⋯⋯⋯⋯⋯⋯⋯⋯⋯⋯⋯⋯⋯⋯⋯⋯⋯232

地址：基隆市暖暖區暖暖街 281 巷 2 號

營業時間：週三～週六 08:00-18:00；週日～週二公休

劉媽媽酸菜白肉鍋⋯⋯⋯⋯⋯⋯⋯⋯⋯⋯⋯⋯⋯⋯⋯⋯⋯⋯216

地址：台北市士林區忠誠路二段 166 巷 22 號

營業時間：週二～週五 17:00-20:00；週六、週日 11:30-14:00、17:00-20:00；
週一公休

腰瘦好吃（冬限定）台灣文化偵探曹銘宗，帶你吃遍當季好食！

作　者　曹銘宗
選書人　謝宜英
責任主編　李季鴻
編輯協力　吳欣庭
校　對　林欣瑋
版面構成　劉曜徵
封面設計　児日設計
行銷總監　張瑞芳
行銷主任　段人涵
版權主任　李季鴻
總編輯　謝宜英
出版者　貓頭鷹出版 OWL PUBLISHING HOUSE
事業群總經理　謝至平
發行人　何飛鵬
發　行　英屬蓋曼群島商家庭傳媒股份有限公司城邦分公司
115 台北市南港區昆陽街 16 號 8 樓
劃撥帳號：19863813／戶名：書虫股份有限公司
城邦讀書花園：www.cite.com.tw／購書服務信箱：service@readingclub.com.tw
購書服務專線：02-25007718～9／24 小時傳真專線：02-25001990～1
香港發行所　城邦（香港）出版集團有限公司／電話：(852)25086231／hkcite@biznetvigator.com
馬新發行所　城邦（馬新）出版集團／電話：603-9056-3833／傳真：603-9057-6622
印製廠　中原造像股份有限公司
初　版　2025 年 1 月
定　價　新台幣四八〇元／港幣一六〇元（紙本書）
新台幣三三六元（電子書）
ISBN 978-986-262-728-0（紙本平裝）／978-986-262-727-3（電子書 EPUB）

讀者意見信箱 owl@cph.com.tw
投稿信箱 owl.book@gmail.com
貓頭鷹臉書 facebook.com/owlpublishing/
【大量採購，請洽專線】(02)2500-1919

本書內容絕無業配，皆為曹銘宗老師真心推薦，請安心閱讀。
本書採用品質穩定的紙張與無毒環保油墨印刷，以利讀者閱讀與典藏。

國家圖書館出版品預行編目 (CIP) 資料

腰瘦好吃！（冬限定）台灣文化偵探曹銘宗，帶你吃遍當季好食！／曹銘宗著. -- 初版. -- 臺北市：貓頭鷹出版：英屬蓋曼群島商家庭傳媒股份有限公司城邦分公司發行, 2025.01
面；　公分
ISBN 978-986-262-728-0（平裝）
1.CST: 飲食風俗 2.CST: 臺灣

538.7833　　113018558